대만차(臺灣茶)의 이해

- 대만 우롱차·홍차·녹차 -

The Knowledge within
The Flavor of Tea

대만차(臺灣茶)의 이해

– 대만 우롱차 · 홍차 · 녹차 –

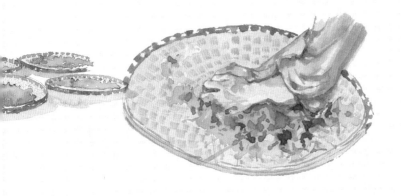

지은이 ◆ 왕명상(王明祥) ㅣ 그림 ◆ 유증한(廖增翰) ㅣ 감수 ◆ 정승호(鄭勝虎)

한국티소믈리에연구원

차의 향기를 찾아서

내가 사회에서 가진 첫 번째 직업은 기술산업체의 해외 업무 대표였다. 당시에는 외국인들과 무역을 협상하기 위해 종종 해외로 나갔다. 어느 날, 직장 상사가 넌지시 조언을 하였다.

"슌, 외국의 식탁 매너나 와인 테이스팅을 좀 배워야 하지 않느냐? 고객들과 상품이나 사업에 관한 내용만 이야기하지 말고."

마침 친구의 권유도 있고 해서 인생에서 처음으로 와인 교육 과정을 이수하였다. 몇 년이 지나서 와인전시박람회에 가 보는 것도 좋을 것 같다는 생각이 들어 참관한 뒤에 '당시 신맛이 났지만 매우 지적이고 흥미로운 남프랑스의 뜨거운 태양의 와인'을 두 병이나 구입하여 집으로 돌아왔다.

그런데 왜 나는 '당시 신맛이 났지만, 매우 지적이고 흥미로운 남프랑스의 뜨거운 태양의 와인'이라고 말하였을까?

그 이유는 포도주를 직접 꺼내 맛보게 하는 것이 아니라, 술 마시는 환경부터 깔끔하게 꾸며 놓았기 때문이다. 테이블 위에 티 없이 닦아 낸 와인 잔 몇 개가 가지런히 놓여 있고, 냅킨 한 장 크기로 재질을 살린 흰 종이 매트가 놓였으며, 깨끗하고 알맞은 온도의 생수가 와인 잔 하나에 채워졌다. 그리고 모두가 자리에 앉았을 때 강연자는 초심자들을 흥미롭고 낯선 와인의 세계와 남프랑스의 와인 산지로 안내하기 시작했다. 이때 강연자는 와인 시음을 3단계로 나눴다. 먼저, 강연자는 우리에게 '햇빛, 곤충, 포도나무 사이의 비밀'에 관하여 다음과 같이 설명하였다.

"남프랑스는 지중해와 가까워 햇살이 따뜻하고 쾌적하여 사람들은 이곳의 풍경을 좋아한다. 또한 따뜻한 기후는 먹이와 서식지를 찾는 수많은 곤충들을 이곳으로 끌어들인다. 그런데 포도나무의 열매는 곤충들이 특히 좋아하는 먹이이기 때문에 곤충들이 너무 많이 몰리면 포도나무의 생존에 문제가 일어날 수도 있다. 따라서 남프랑스에서 자생하는 포도나무는 곤충이 포도를 먹지 않도록 스스로 보호해야 한다. 그 결과 포도나무는 포도 껍질에 떫은맛이 많이 나는 '타닌(tannin)' 성분을 생성하는데, 이 떫은맛의 타닌은 곤충이 포도를 먹으려는 욕구를 크게 줄여서 결과적으로 포도나무에 대한 곤충의 피해를 줄인다. 뜨거운 햇살은 포도나무에 타닌의 생성을 강하게 촉진하여 테루아(terroirs)가 남프랑스인 와인에 새콤하고도 특유한 바디감을 와인에 풍부하게 선사한다."

강연자가 언급한 와인의 새콤하면서도 떫은맛은 저장을 통해 점차 순하고 깊이 있는 향미로 바뀐다. 그러나 새콤한 신맛은 곤충뿐만 아니라 사람들도 좋아하지는 않는다. 그렇다면 뜨거운 햇살과 포도나무의 이야기만 듣고서 곧바로 새콤한 맛의 와인 두 병을 구입하여 집으로 돌아온 것일까? 물론 그렇지 않다.

다음으로 알아야 할 내용은 바로 '떫은맛의 미각'이다. 강연자도 "여러분, 떫은맛이 어떤 느낌인지 아시나요?"라고 물었다. 이는 매우 간단한 질문이며, 또한 우리 모두는 이 떫은맛이 어떤 것인지 잘 알고 있다. 표현을 하자면, '떫은 느낌이고 불편한 느낌'이다. 그러나 당시 교육 과정에 참석한 15명의 사람들은 어느 누구도 일어서서 제대로 설명하지 못하였다. 그렇게 간단한 '떫은맛'이지만, 구체적으로 설명할 수 없다니! 그때 강연자는 떫은맛에 대하여 친절히 설명해 주었다.

"떫은맛은 사실 '맛(Taste)'이 아니라 입안 상피의 촉감인 '마우스필(mouthfeel)'이며, 입과 혀의 상피가 떫은 타닌 성분을 접하면 건조하고 주름지는 느낌이 드는 것이다."

이 설명대로 떫은맛은 맛이 아니고 촉감인 것이다. 혀가 건조해지고 입안의 상피까지 주름지는 느낌인 것이다. '떫은 미각의 느낌'이 확실히 정의된 뒤, '떫은맛'을 직접 체험하고 싶었고, 남프랑스의 따뜻한 햇살 아래 '새콤하고 떫은 와인'을 한시라도 빨리 나의 미각으로 검증하고 싶었다.

다음의 세 번째 교육 과정은 '맛보기'였다. 깨끗한 흰색 셔츠와 짙은 색의 바지를 입은 웨이터는 교육생들 각자를 위하여 전문적으로 와인을 부어 주었다. 각자의 잔에 담긴 소량의 포도주를 흔들면 빛에 비쳐서 색감을 감상할 수도 있어 와인은 정말 좋은 술이라는 생각에 기분도 좋아졌다. 그러나 이 와인이 정말 남프랑스에서 만들어진 정통 와인인지 식별하기 위하여 새콤하면서도 떫은맛을 직접 확인해 볼 필요가 있었다. 이를 위해 조용히 와인 한 모금을 머금고 입안과 혀에 최대한 접촉시켰다. 신기하게도 입안의 상피는 역시 주름지면서 '정말 떫다!', '시큼하면서도 떫기도 하다'는 느낌이 들었다. 이런 표현을 두고 포도주를 좋아하시는 분들은 화내지 말았으면 한다. 사실 나의 칭찬이기 때문이다.

이런 교육 과정으로 하루 일과를 마친 뒤 기분 좋게 남프랑스 와인 2병을 사서 집으로 갔다. 얼른 집에 가서 와인이 주는 맛의 즐거움과 만족감을 가족들과 함께 나누고 싶었기 때문이다.

지금까지 이야기를 읽고 나면 와인의 향에 대해서는 전혀 묘사하지 않았다는 사실을 알 수 있을 것이다. 사실 와인의 향이 나에게 미치는 영향은 몇 년 뒤에 나타났다. 2008년 봄, 해외 사업의 마케팅 계획과 부서에 할당된 연간 성과 목표를 달성하기 위한 방법을 구상하기 위해 주말에 아리산(阿里山)에 올랐다. 차츰 설명하겠지만, 이 향의 개념은 플레이버(Flavor)를 설명하는 '비후 후각'(즉, 액체를 삼킨 뒤 입안과 비강에서 나와 입에 남는 향기의 뒷맛)과 일맥상통한다.

이 당시 아리산에서 올랐을 때 우연히 차를 끓이는 향기를 접하면서 산 가장자리에 서서 무의식적으로 눈을 감고 심호흡을 깊게 한 뒤 야생의 자연 속에서 휴식을 취해 보았다. 나중에 도시로 돌아와 일을 하고 있을 때 문득 '차를 마시는 것은 분명히 우리의 문화인데 왜 차의 향기는 산에서만 맡을 수 있는 것일까? 도시에서는 정말이지 커피 향기만 맡게 된다'라는 생각이 들었다. 당시 아리산에서 맡은 그때 차의 향은 향긋하고, 매혹적이고, 친근하고, 자연스러워서 나의 삶에 깊은 감명을 주었다. 그리고 와인의 향기를 묘사할 때 흔히 '블랙커런트(blackcurrent)'라는 말을 많이 사용한다. 블랙커런트는 일상에서 쉽게 구입해 먹을 수 있는 과일이 아니지만 예술 작품 같은 와인 한 병을 제대로 알고 싶다면 서양인들이 와인을 묘사하는 방법을 익혀야 한다. 이는 단지 향기에 대한 설명만 아는 데 그치지 않고 산지의 '현장'을 이해하고 외국인들의 '생활' 속으로 들어가 그들의 '문화'를 습득하면서 맛의 능력을 향상시켜 와인을 철저히 배워야 하는 것이다.

그 당시 와인에 대해 느낀 것이 있다면, 와인은 단순히 상품을 판매하는 것이 아니라, 아름다움, 삶, 문화를 포괄하는 전체적인 소프트파워의 수출이었던 것이다. 그렇다면 차는 왜 '노인차'라는 고정 관념에 머물러 있는 것일까? 차는 그야말로 독특한 음료로서 맛, 향, 삶, 그리고 문화적인 의미는 우리의 내면과 영혼에 쉽게 와 닿을 수 있다.

오늘날에는 기술 제품을 세계에 수출하기 위해 '생산 효율성 향상'과 '불량률 감소'에 많은 인력과 자원, 그리고 능력을 지속적으로 투자하고 있다. 사실 우리의 삶과 문화, 그리고 행동들도 마케팅 이론의 중요한 개념인 '차별화'에 속한다. 삶의 소프트파워인 차로써 세계 여러 나라의 친구들을 만나고 서로에 대해 알아가면서 삶을 즐긴다면 우리의 삶도 보다 더 풍요로워질 것으로 생각된다. 이는 단순히 상품과 대금의 거래 관계가 아니라 영혼의 교류이기 때문이다.

明華

2018.12.23

세계의 티 시장은 홍차를 중심을 지난 10년간 지속적으로 성장하고 있습니다. 최근에는 건강 효능에 대한 관심이 세계적인 트렌드로 자리를 잡으면서 기존의 홍차, 녹차 외에도 보이차, 우롱차 등도 각기 세분 시장이 급속히 성장하고 있습니다.

특히 그간 세계인들로부터 큰 주목을 끌지 못했던 우롱차도 이젠 그 '형태'와 '향미(香味)', '건강 효능'을 중심으로 국내를 비롯해 세계인들의 깊은 관심을 끌면서 그 시장이 큰 폭으로 성장할 것으로 세계적인 시장조사기관들이 내다보고 있습니다.

우롱차는 시장에서 형태 면에서는 '잎차', '파우더', '티백' 등으로, 건강 효능 면에서는 우롱차가 부분 산화차인 데 따른 '녹차'와 '홍차'의 양쪽 효능을 모두 갖추고 있다는 점, 그리고 향미 면에서는 가향·가미(flavored)의 '블렌딩'과 '플레인(plain)'의 두 측면에서 아시아·환태평양국가들을 중심으로 북미, 유럽 등에서도 큰 반향을 불러 일으키고 있습니다.

이러한 가운데 십수 년간 티소믈리에와 티블렌딩의 전문가를 양성해 온 한국티소믈리에연구원에서는 가히 '우롱차 왕국'이라 할 만한 대만의 다양한 우롱차가 산지에서 한 잔의 찻잔에 이르는 독특한 '가공 과정'과 그 '형태'와 '향미', 그리고 산지 및 산화도에 따른 '우롱차의 종류' 등을 소개한 『대만차(臺灣茶)의 이해』_ 대만 우롱차·홍차·녹차(원제 : The Knowledge within The Flavor of Tea)』를 출간합니다.

이 책에서는 대만의 우롱차를 위한 차나무의 품종과 찻잎에 함유된 향미 성분, 기후 환경적인 테루아에 따른 향미 성분의 차이를 비롯해 녹차와 홍차의 양쪽 성질을 갖는 복합적인 가공 과정, 산화도와 홍배(로스팅)에 따른 우롱차의 색, 향, 맛의 변화를 도식 자료로 소개합니다.

다양한 우롱차를 꽃향, 숙향(묵은 향) 등 향기별로 분류해 그 특징들을 소개하고, 차를 우리는 침출 과학에서는 수온, 우리는 시간, 찻잎과 물의 비율에 따른 각종 쓴맛, 단맛, 떫은맛 등의 향미 성분들과 테아플라빈, 테아루비긴 등의 차색소, 티 폴리페놀류, 테인, 테아닌, 무기질류 등의 건강 효능 성분의 추출 효과에 관련해 밝혀진 각종 과학 연구 성과들을 통해 티의 향미에 숨겨진 비밀을 들려 주고 있습니다.

그리고 차를 우리는 도구와 그 사용법을 다양한 상황에서 소개하고, 차의 구입 및 저장 면에서는 차의 품질을 구별하고 시장에서 구입하는 방법과 건조 식품으로서 차의 품질을 변질시키는 각종 요인들, 그러한 요인들을 피하여 올바로 보관하는 방법들도 설명해 줍니다. 특히 저장 기간에서도 차의 맛이 변화하는 세 시기의 특징들과 함께 차를 최대한 신선하게 우려내 마시는 방법들도 소개합니다.

이 책은 오늘날 건강에 대한 관심이 날로 증가하는 가운데 우롱차를 비롯한 티의 색, 향, 맛의 세계에 입문하려는 사람들이나, 티의 건강 효능의 세계에 주요 관심을 갖는 사람들에게 디의 이해도를 더욱더 확장시켜 줄 것으로 기대합니다.

정승호 박사
사단법인 한국티협회 회장
한국 티소믈리에 연구원 원장

Contents

PART 2
신선하고 달콤하면서 풍부한 맛의 차! | 차의 분류와 가공 과정

PART 3
대만 우롱차의 향기 | 대만의 독특한 우롱차

PART 4
차 맛의 농도와 질감 | 차 우리기와 음미

떫은맛, 쓴맛, 단맛의 '차(茶)'

—————————— 차나무와 테루아

The Astringent,
Bitterness and Sweetness Taste
of Tea.
Tea Tree and Its
Growing Environment.

"차, 와인, 커피는 마음껏 마실 수는 없지만, 우리가 원하는 삶에 더 가까이 갈 수 있도록 해 준다…" 찻잎으로 차를 만들고, 포도로 와인을 양조하고, 커피 원두를 로스팅하는 과정에서 만들어지는 향미는 사람을 시간 속에 푹 빠져들게 하고 맛도 즐길 수 있도록 한다. 또한 기분이 편안해질 뿐만 아니라 그 맛 속에 숨은 배경과 테루아, 제조 과정 등에 대해서도 자세히 생각해 볼 수 있는 재미를 안겨 준다.

포도 껍질에는 떫은맛과 수렴성을 유발하는 '타닌(tannin)'이 들어 있고, 커피 원두에는 단맛 기운이 살짝 도는 쓴맛의 '테인(theine)'이 들어 있고, 차에는 이 두 성분이 모두 함유되어 있다. 타닌과 테인은 맛과 즐거움을 안겨 주는 식물 고유의 조성 성분이다. 그런데 이러한 성분들은 실은 사람들에게 맛과 즐거움을 선사하기 위해 생성되는 것이 아니다. 식물이 가혹한 환경 속에서 살아남기 위하여 활성화하는 생리적인 보호 메커니즘, 즉 방어적 기질의 신진대사를 통해 생성되는 것이다. 이러한 성분들은 섭취하는 사람에 따라서 미뢰를 통하여 맛과 식감의 깊이나 세기의 정도가 다른 미각의 느낌을 가질 것이다. 이를 사람들은 풍토 조건(風土條件), 즉 '테루아(terroir)'라고 한다.

차나무, 찻잎, 차꽃, 차씨

차나무는 겨울에 꽃을 피우고 씨앗을 맺고, 그 차씨가 익어 땅에 떨어지면 어린 차나무가 자란다. 학명이 카멜리아 시넨시스(*Camellia sinensis*)인 식물의 종은 크게 '중국의 소엽종'과 '아삼의 대엽종'의 두 변종(이하 품종)으로 나뉜다. 이 두 품종의 차나무는 자라는 높이와 잎의 크기에서 뚜렷한 차이를 보인다.

차나무

차나무는 학명이 카멜리아 시넨시스(*Camellia sinensis*)로서 '다년생 목본 상록 활엽수'이다. 즉, 차나무는 수명이 길고 사계절에 걸쳐 자라며 일 년 내내 푸르고, 계절의 변화에도 시들지 않는 활엽수의 '목본식물(木本植物)'이다. 이때 목본식물이란 식물이 자신을 지탱하기 위하여 목재를 생산하는 식물이다. 차나무는 일반적으로 묘목을 심은 지 3~5년이 지나면 보통 첫 수확이 가능하고, 그 뒤 매년 찻잎의 수확량이 해마다 증가한다. 그리고 약 8년 정도 지나면 성숙기를 맞고, 20~30년 정도 자란 차나무는 재배의 경제성이 가장 좋다.

차나무의 수명은 길다. 중국 서남부의 깊은 산에는 수령이 수백 년이나 되는 키가 높고 큰 교목형 차나무가 있다. 차나무는 일 년 내내 푸르고 사계절 내내 자란다. 우리가 흔히 봄, 여름, 가을, 겨울의 사계절을 통해 찻잎을 따서 차를 만든다는 말을 듣는 이유이다. 심지어 기온이 비교적 따뜻한 산지에서는 차나무의 생장이 빠르고 왕성하기 때문에 연간 5~7회 정도 찻잎을 따서 차를 생산한다. 따라서 차나무는 생산성이 높은 작물에 속한다.

식물학적으로 차나무는 차나뭇과(Theaceae) 동백나무속(*Camellia*)의 차나무 (*Camellia sinensis*)이다. 차나무의 종류는 '중국종' 또는 '소엽종'이라는 카멜리아 시넨시스 시넨시스(*C. sinensis* var. *sinensis*)와 '아삼종' 또는 '대엽종'이라는 카멜리아 시넨시스 아사미카(*C. sinensis* var. *assamica*)의 두 변종(이하 품종)으로 분류된다. 이 두 종류는 다시 여러 품종으로 세분화할 수 있다. 산지는 대엽종의 경우 주로 열대 지역에서 아열대 지역에 걸쳐 분포되어 있다. 예를 들면 인도, 스리랑카, 동남아시아, 중국의 운남성 등이다. 소엽종은 주로 아열대에서부터 온대 지역에 분포한다. 예를 들면 중국 남부의 각 성과 대만, 일본, 한국 등이다.

19

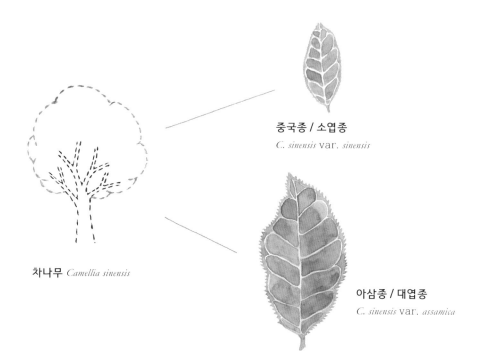

중국종 / 소엽종
C. sinensis var. *sinensis*

차나무 *Camellia sinensis*

아삼종 / 대엽종
C. sinensis var. *assamica*

일반적으로 차나무는 '중국종/소엽종'과 '아삼종/대엽종'으로 나눌 수 있다. 찻잎의 가장자리에 톱니 모양의 윤곽이 있다는 공통점 외에 소엽종의 찻잎 크기는 상대적으로 작다. 반면 대엽종은 잎이 비교적 큰 것 외에 찻잎의 가장자리는 일반적으로 물결 모양이다. 이는 대엽종과 소엽종을 시각적으로 구별할 수 있는 큰 특징이다.

찻잎

차나무는 사계절 내내 녹색을 띠는 상록 활엽수이기 때문에 찻잎은 항상 녹색이다. 어린 새싹은 안쪽으로 돌돌 말려 있어서 잎의 뒷면이 밖을 향하고 있다. 그 잎의 뒷면에는 하얗고 미세한 잔털이 촘촘히 나 있다. 새싹이 자라서 잎이 서서히 퍼지면 잎의 뒷면이 자연스레 아래쪽을 향하면서 잔털이 서서히 떨어져 나간다. 성숙한 찻잎의 경우에는 외관이 길고 가늘거나 넓은 타원의 형태를 띤다. 찻잎의 가장자리는 톱니 모양을 이루고, 잎에서 잎맥이

대만차(臺灣茶)의 이해

돌기 시작하여 중앙부의 세로로 뻗어 나가는 주맥(主脈)에서 7~10쌍의 옆으로 분기하는 측맥(側脈)이 뚜렷하게 뻗어 나간다. 측맥은 주맥으로부터 어느 정도까지 뻗어 나가다가 위쪽으로 곡선을 그리면서 닫히는 폐곡선을 이룬다.

전체적으로 차나무는 계절마다 약 5~6개의 새싹이 돋아나 찻잎으로 자란다. 서늘한 봄에는 새싹이 평균 5~7일에 걸쳐 찻잎으로 자라고, 여름에는 온난한 기후로 인해 차나무가 더 빨리 생장하기 때문에 약 5일 만에 찻잎으로 자란다. 차나무 가지에 돋아나는 찻잎은 찻잎들 사이에서 위쪽으로 소용돌이처럼 나선형으로 자란다. 그로 인하여 한정된 성장 범위 내에서도 햇빛을 가장 많이 받아서 광합성을 할 수 있다.

또한, 찻잎을 딸 때 '일아일엽(一芽一葉)' 또는 '일아이엽(一芽二葉)'이라는 수확 방식은 '차아(茶芽)', 즉 새싹을 기준으로 한다. 일아일엽은 새싹과 그 아래의 한 찻잎을, 일아이엽은 새싹과 그 아래의 두 찻잎을 따는 것이다. 새싹 아래로 찻잎이 많을수록 찻잎은 섬유화되어 노화가 진행된다.

차나무 가지의 찻잎들은 햇빛을 충분히 받아 광합성을 할 수 있도록
'윤상회생(輪狀旋生)' 방식, 즉 소용돌이처럼 나선형으로 성장한다.

차꽃과 차씨

차나무는 '자웅동체(雌雄同體, hermaphrodite)'에 속하는 식물이지만, '이화수정(異花受精, xenogamy)'의 식물이기도 하다. 이때 자웅동체는 한 나무에 수술과 암술이 모두 있는 상태를 뜻하고, '이화수정'은 한 나무가 번식을 위해서는 다른 개체나 품종의 꽃으로부터 수분을 통해 수정이 되어야 비로소 씨앗을 형성하여 번식할 수 있다는 뜻이다. 즉 같은 차나무나 같은 품종의 꽃을 통한 '자가수정(自家受精, autogamy)'을 통한 번식은 성공 확률이 낮다는 것이다. 바꿔 말하면, 모든 차나무에는 '어미나무'와 '아비나무'가 있다는 뜻이다.

차나무의 주요 개화기는 매년 11월에서 2월 사이이다. 차나무의 녹색 꽃받침에는 5~7편의 하얀 꽃잎이 자라고, 꽃잎 가운데에는 가늘고 기다란 황금빛의 꽃술이 나 있다. 차나무의 꽃이 지고 나면 차씨가 자라고, 그 차씨는 딱딱한 꼬투리에 싸여 있다. 각각의 꼬투리에는 1~3개 정도의 차씨가 들어 있다. 처음에는 녹색을 띠다가 성숙하면서 갈색으로 변하고, 마침내는 성숙한 씨앗의 껍질이 말라서 갈라지면서 그 안에 있는 갈색의 차씨가 드러난다. 이 차씨가 땅에 떨어져 새로운 차나무로 자라는 것이다. 대를 이을 사명을 간직한 차씨에는 녹말, 지방, 타닌, 식물성 단백질이 풍부히 함유되어 있다. 이는 사람의 경우와 마찬가지로 후세대에 가장 좋은 성분을 남겨 주는 것이다.

찻잎
새싹에서 아래로 찻잎의 수가 많을수록,
아래쪽의 찻잎일수록 성숙도가 높고
섬유화와 노화가 많이 진행된 것이다.
지나치게 섬유화된 찻잎은 차로
가공하는 데 적합하지 않다.

새싹
차나무의 새싹은 대부분 하얗고
가는 잔털로 뒤덮여 있다. 이 잔털은
'용모(茸毛)'라고도 하는데, 기후의 변화가
새싹에 주는 영향을 조절하여 새싹이
온전히 잘 자라도록 보호하는
역할을 한다.

차꽃
차나무의 주요 개화기는
매년 11월부터 2월까지이다.
그리고 수분을 통해 수정된 뒤에
차씨를 형성한다.

차씨
씨앗을 내포하는 꼬투리는
처음에는 녹색이지만 성숙함에 따라
갈색으로 변화한다. 이때부터 내부의 차씨가
노출되기 시작한다.
일반적으로 꼬투리에는
1~3개의 차씨가
들어 있다.

차나무의 다각적인 이해

여기서는 차나무의 다양한 분류를 통해서 차나무를 보다 더 자세히 설명하기로 한다.

차나무의 크기에 따른 분류

차나무는 크기에 따라 '교목형(喬木型)'과 '관목형(灌木型)'의 두 종류로 구분할 수 있다. 교목형의 차나무는 본줄기가 뚜렷하고 가지가 다시 본줄기에서 나오기 때문에 높이가 15~30m까지 자라고, 본줄기의 기저부는 1.5m까지 자랄 수 있다. 교목형 차나무는 매우 높고 크게 자랄 수 있지만 사람들이 쉽고 빠르게 찻잎을 따기 위해 가지치기로 다듬기 때문에 다원에서는 보통 키가 작다. 이렇게 왜소화된 교목형 차나무는 '소교목형(小喬木型) 차나무'라고 한다. 그러나 가지치기로 왜소해졌지만 차나무가 점차 성숙함에 따라 밑동에서는 줄기 모양을 관찰할 수 있다.

관목형 차나무는 본줄기가 뚜렷하지 않고, 지면에 가까운 밑동 근처에서 가지가 자라기 때문에 외관상으로는 높이가 비교적 낮다. 그러나 관목형 차나무라도 인위적으로 가지치기를 하지 않은 경우에는 키가 높게 자랄 수도 있다. 남투현(南投縣) 녹곡향(鹿谷鄉)에는 청나라 시대에 동정산(凍頂山)에 심은 관목형의 차나무가 한 그루 있는데, 키가 크면 건물 한 층의 높이에 달한다.

대만을 비롯하여 세계 각국의 차 생산국에서는 교목형이나 관목형의 차나무를 경제적으로 또는 효율적으로 재배하기 위하여 가지치기를 통해 차나무의 높이를 낮추고 있다. 여기에는 다음 세 가지의 이유가 있다.

1. 차나무의 높이 : 차나무를 가지치기하여 높이를 낮추면 찻잎의 수확과 재배에 도움이 된다.

2. 찻잎 수확량 : 차나무를 가지치기하면 '꼭대기 우위성'이 제거되면서 다른 발아 부위들이 증가한다. 새싹의 수가 증가할 뿐만 아니라 수확량도 증가한다. 이와 동시에 찻잎은 외관상 깔끔하게 자라면서 수확의 효율성을 높일 수 있다.

3. 인력 조율 : 수확 시기를 분산시켜 찻잎을 수확하는 인력을 조달하는 데 도움이 된다.

교목형 차나무는 키가 높고 찻잎도 비교적 크다.　　　관목형 차나무는 키가 낮고 찻잎도 비교적 작다.

교목형(喬木型)   관목형(灌木型)

대만차(臺灣茶)의 이해

정아우세(頂芽優勢)

'정아우세(頂芽優勢)'는 식물학적인 전문용어로서 식물의 일반적인 성장 경향을 뜻한다. 이는 가지 꼭대기의 생장점에서 새싹(정아)이 있을 때 식물의 모든 영양소가 그곳으로 집중되어 곁눈이라고 불리는 다른 측아(側芽) 또는 액아(腋芽)의 성장이 억제되는 현상이다. 따라서 가지치기를 통하여 생장점의 정아(頂芽)를 제거하면, 다른 싹과 찻잎에 영양분이 공급되어 찻잎의 수확량이 늘어나게 된다.

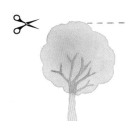

소교목형(小喬木型)
본래 키가 높게 자라는 교목형 차나무를 찻잎의 수확과 관리의 편리를 위해 가지치기를 진행하여 작은 크기로 재배한 차나무이다.

관목형(灌木型)
대만에서 재배하는 차나무의 품종은 주로 왜소한 관목형 차나무이다. 차나무를 허리 아래쪽의 높이로 관리하여 새싹과 찻잎의 수확을 최대한 효율적으로 진행할 수 있도록 재배한다.

27

'찻잎의 크기'에 따른 분류

차나무는 찻잎의 크기에 따라서는 '대엽종(大葉種)'과 '소엽종(小葉種)'으로 분류할 수 있다. 외관상 대엽종의 찻잎은 다 자라면 길이가 10cm 이상, 일부는 20cm 이상이나 된다. 소엽종의 찻잎은 다 자라도 약 10cm 이하의 크기이다.

일반적으로 찻잎이 큰 교목형 차나무는 대엽종으로, 찻잎이 작은 관목형 차나무는 소엽종으로 분류된다. 가장 쉽게 구별하는 방법은 찻잎의 크기를 눈으로 보고 대엽종과 소엽종으로 나누는 것이지만, 재배 환경, 시비 조건 등의 영향으로 찻잎의 크기가 다를 수 있기 때문에 시각적인 분간만으로는 잘못 판단할 수도 있다. 또한 '향연(香櫞)'이라고도 하는 불수(佛手) 품종은 특성상 소엽종에 속하지만, 찻잎이 아삼종의 크기와 거의 같고, 심지어 더 클수도 있다. 따라서 찻잎의 크기와 모양을 보고 대엽종인지, 소엽종인지 판단하는 일은 정확도가 떨어진다. 따라서 정확도가 높게 판단하기 위해서는 차에 대한 풍부한 경험과 지식이 필요하다.

대엽종, 소엽종은 찻잎 크기에 따른 외관상의 차이 외에도 차로 우려서 음미할 때 미각적인 차이도 있다. 소엽종의 찻잎으로 우려낸 차는 맛이 보다 더 섬세하고 단맛이 나는 반면, 대엽종의 찻잎으로 우려낸 차는 맛이 매우 강하고 진하다. 이는 실제로 큰 찻잎과 작은 찻잎에 함유된 향미의 성분과 양이 다르기 때문이다. 즉 찻잎에 함유된 향미 성분에 차이가 있는 것이다. 오른쪽 사진은 찻잎의 크기에 대한 사례이다.

사계춘(四季春)　　　　　　　　　　대차(台茶) 18호/홍옥(紅玉)

대엽종에 속하는 대차 18호인 홍옥은 외관상 새싹과 찻잎의 크기가 소엽종에 속하는
사계춘보다 훨씬 더 크다.

'봄에 새싹이 돋는 시기'에 따른 분류

'봄에 새싹이 돋는 시기'에 따라서 차나무는 '조생종', '중생종', '만생종'의 세 종류로 나눌 수 있다. 이러한 분류는 주로 재배자들이 다원을 조성하는 계획의 초기 단계에서 차나무의 품종을 재배에 앞서 고려 사항에 포함시키기 위한 것이다. 이러한 분류를 통해 차나무의 재배자들은 장차 춘차(春茶)를 생산할 때 동시에 수많은 새싹이 돋아나 수확에 인력이 과도하게 집중되는 것을 막고 차 생산의 골든 타임도 놓치지 않기 위해서이다.

대만의 경우에 매년 봄철에 기온이 상승하는 속도에 따라서, 조생종, 중생종, 만생종의 새싹이 돋는 시기가 7~10일 정도 차이가 난다. 일반적으로 조생종은 봄에 따뜻한 기온에 대한 의존도가 적다. 약 5~8도의 낮은 온도의 환경에서도 봄이 오면 새싹이 돋기 때문이다. 반면 만생종은 상대적으로 더 높은 기온이 요구된다. 왜냐하면 따뜻한 기온에서만 새싹이 돋기 때문이다.

고산 지대의 산지를 예로 들면, 대부분의 재배 농가들은 '청심우롱(青心烏龍)'과 대차(台茶) 12호인 '금훤(金萱)'의 차나무를 심는다. 아직은 꽃샘 추위가 있지만 따뜻한 봄이 오면 '중생종'인 대차 12호, 즉 금훤 품종의 차나무가 먼저 새싹을 틔운다. 따라서 고산 지대에서는 금훤 우롱차의 생산 시기가 청심우롱차보다 더 이르다. 금훤 우롱차의 생산이 끝나면 며칠 뒤에 만생종인 청심우롱 품종의 차나무에서 찻잎들이 성숙하기 때문에 재배자들은 수확 작업을 순차적으로 진행할 수 있는 것이다.

금횐 품종의
재배지

청심우롱 품종의
재배지

초봄에 금횐(金萱) 다원은 이미 연녹색을 띠었고 새싹들은 우롱차의 생산에 적합한 성숙기에
접어들었다. 반면 청심우롱 다원은 여전히 휴면기에 있었고 짙은 녹색을 띠었다.
사진은 아리산에서 2016년 봄에 촬영한 모습이다.

'제다(製茶) 적합도'에 따른 분류

찻잎의 '제다(製茶) 적합도'에 따라 차나무를 '녹차(綠茶)', '우롱차(烏龍茶)', '홍차(紅茶)'로 만드는 데 적합한 품종으로 분류할 수 있다. 같은 차나무이지만 품종에 따라 맛의 성분과 함유비가 달라서 제다 적합도에서 차이가 난다. 간략히 말하면, 어린 찻잎은 떫은맛의 성분이 적기 때문에 감칠맛이 섬세한 비산화(非酸化)의 '녹차'나 부분 산화의 '우롱차'를 만드는 데 적합하다. 반면 떫은맛의 성분인 타닌이 많은 성숙한 찻잎은 산화에 필요한 성분을 충분히 공급하기 때문에 맛이 강하고 바디감이 풍부한 '홍차'로 만드는 데 적합하다.

소엽종(小葉種) : 신선하고 상쾌한 녹차나 감미롭고 순한 우롱차를 만드는 데 적합하다.

대엽종(大葉種) : 바디감이 강한 홍차를 만드는 데 적합하다.

대만에서 주로 재배되는 차나무의 품종

대만에서 흔히 볼 수 있는 품종의 차나무는 대부분 잎이 작은 관목형이다. 그러나 대차(台茶) 18호, 아삼종과 같이 널리 알려져 우리에게 매우 친숙한 교목형 품종도 있다. 그런데 대만의 숲에는 원시형의 야생 차나무도 있을까?

차나무의 품종과 그 유래

대자연에서 차나무가 개화와 수분을 통해 씨앗을 형성하여 어린 차나무를 재생산하는 번식을 '유성생식(有性生殖)'이라고 한다. 그러나 이와 같이 암수 개체에 의해 번식된 후세대의 차나무는 특정한 형질에서 돌연변이가 일어나 모세대 차나무의 우월성이 유지되지 않을 수 있다. 이때 우월성이란 특별한 향미와 품질의 유지, 찻잎의 풍부한 생산성, 가뭄 및 해충에 대한 저항력 등을 말한다. 따라서 모세대 차나무의 우월성을 후세대에서도 유지하기 위해 차나무 번식을 암수 개체에 의존하지 않고 인위적으로 진행시키는 '무성생식(無性生殖)'의 방법들이 개발되었다. 대만에서 진행되는 가장 일반적인 차나무의 무성생식은 주로 '꺾꽂이법'과 '휘묻이법'이다. 이 두 종류의 무성생식은 각각 모세대 차나무의 가지를 꺾어서 땅에 묻거나 가지를 휘어 땅에 묻어서 새로운 묘목으로 번식시키는 방법이다.

차의 특별한 향미와 품질의 안정성을 유지하기 위해 대만에서는 대부분 차나무 품종의 통일성을 중요시한다. 이러한 차나무의 품종들 중에는 다른 국가에서 대만으로 도입되어 재배된 것들도 있고, 차산업을 육성하기 위한 실험 농장에서 수십 년 동안 개량되어 재배된 것들도 있다. 그 밖에도 언제, 어디에서 도입되었는지도 모르는 품종도 있다. 대표적인 것이 대북(臺北)(타이베이) 분지의 인근에 위치한 삼협차구(三峽茶區)에 있는 '청심감자(青心柑仔)'라는 품종은 그 지역의 사람들에게 유래를 물어보아도 아는 사람이 아무도 없다.

그러나 차나무가 다른 지역에서 유입되었는지, 아니면 사람이 개량을 통해 재배했는지의 여부와 관계없이 차나무의 원천은 유성생식이어야 한다. 그럼에도 소비자와 생산자가 특정 향미와 품질을 선호할 경우에는 인공적인 무성생식을 통하여 품종의 우월성을 유지한다. 그렇다면 대만의 숲에는 원시적인 야생 차나무가 과연 예전부터 있었을까?

대만의 차나무는 크게 4종류!

1. 공식 육성

대만은 일제 시대부터 새로운 품종의 차나무를 육성하였다. 그 당시에 '청심우롱(青心烏龍)', '청심대유(青心大冇)', '대엽우롱(大葉烏龍)', '경지홍심(硬枝紅心)'이라는 네 품종의 차나무를 새로운 품종의 개발을 위한 기반으로 삼았는데, 이를 '4대 명종(四大名種)'이라고 한다.

대만의 관청인 행정원농위회(行政院農委會) 차업개량장(茶業改良場)은 2018년까지 총 23개 품종의 차나무를 발표하였는데, 이 품종들은 대차(台茶) 1호에서부터 23호까지 일련 번호를 매겨서 명명하였다. 대만 정부가 발표한 이 품종들 중에는 생산자인 차농가와 소비자들로부터 동시에 사랑을 받으면서 대규모로 재배되어 차로 생산되는 것들도 있다. 예를 들면, '대차 8호'와 대차 12호인 '금훤(金萱)', 대차 13호인 '취옥(翠玉)', 대차 18호인 '홍옥(紅玉)' 등이다.

2. 외지 유입

대만의 식습관은 명나라와 청나라 시대에 중국의 이민자들이 섬 안으로 처음 들여왔다. 이와 함께 이민자들이 중국 내륙에서 차나무와 그 씨앗을 대만으로 들여와서 재배한 뒤 차를 생산한 것이다. 오늘날 우롱차를 위한 전형적인 차나무의 품종으로 잘 알려진 철관음(鐵觀音)과 청심우롱(青心烏龍)도 청나라 시대에 중국에서 들여온 것이다. 이 철관음(鐵觀音)이라는 품종명에서 이름이 유래된 철관음차는 '정총철관음(正欉鐵觀音)'이라고 한다. 그리고 문산포종(文山包種), 동정우롱(凍頂烏龍), 고산우롱(高山烏龍)은 반드시 청심우롱(青心烏龍) 품종으로부터 생산해야 맛과 향이 우수하다. 또한 일제 시대에 인도의 아삼주로부터 들여온 차나무의 씨앗으로부터는 수십 년 동안 한 그루씩 별도로 선별 및 재배하여 '대차 8호'라는 새로운 품종의 차나무도 탄생시켰다.

3. 대만의 야생 차나무

1717년 『제라현지리(諸羅縣誌裡)』에 묘사된 "수사연내산차심다(水沙連內山茶甚夥)…"는 대만 야생 차나무에 대한 최초의 기록이다. 그 뜻은 대만 중부의 수사연(水沙連) 호수 인근에는 '산차(山茶)', 즉 야생 차나무가 매우 많다는 뜻이다. 여기서 수사연(水沙連)은 오늘날 일월담호(日月潭湖)의 옛 이름이다. 당시 야생 차나무는 대만 중남부 산간 지대, 즉 현재의 남투산(南投山) 일대에서 원주민들에 의해 처음 발견되었다. 최근에는 대만의 식물학자들이 이 야생 차나무를 새로운 품종으로 구분하고 학명을 '대만 산차(*Camellia formosensis*)'로 명명하였다. 오늘날 우리에게 친숙한 홍옥홍차(紅玉紅茶)인 '대차(台茶) 18호'는 대만의 야생 차나무를 아비나무로, 미얀마의 '면전대엽종(緬甸大葉種)'을 어미나무로 하여 이종 재배된 차세대 품종의 차나무이다.

4. 자연 번식

자연계에서 차나무는 씨앗을 퍼뜨려서 자손을 번식한다. 이와 같이 씨앗에서 싹이 나서 자라는 차나무를 '실생묘(實生苗)' 또는 '씨모'라고 하며, 이 실생묘가 성숙하여 자란 차나무로부터 찻잎을 따서 만든 차를 흔히 '시차(蒔茶)'라고 한다. 대만에는 다원(茶園)에서 자연적으로 유성생식하여 확보되는 유명한 품종이 있다. 바로 '사계춘(四季春)'이다. 수십 년 전 차농부가 목책(木柵) 지역의 다원 능선에서 일반적으로 심은 차나무와 모양이 약간 다른 새로운 차나무를 발견하였다. 그 뒤 다원의 주인은 그 차나무가 생명력이 강하고 새싹이 일찍 발아할 뿐만 아니라 매회 찻잎의 수확량도 춘차만큼이나 왕성하다는 사실을 발견하였다. 참고로 봄에 수확되는 춘차는 일 년 중 생산량이 가장 많다. 그리고 찻잎으로 만든 차의 풍미와 품질도 훌륭하여 차농부가 무성생식인 꺾꽂이법으로 그 우월성을 확보한 뒤 '사계춘(四季春)'이라 명명한 것이다.

차나무의 번식 방법

● 유성생식(有性生殖)

차씨
꼬투리가 성숙하여 건조하고 갈라지면 내부의
씨앗이 드러난다

차씨가 꼬투리에서 땅으로 떨어져 싹이 트면서
새로운 차나무가 탄생한다.

● 무성생식(無性生殖)

매년 차나무를 꺾꽂이법으로 재배하기에 가장
적합한 시기는 12월부터 다음 해 1월까지이다.

꺾꽂이법의 성공률을 높이기 위한 가지의
적당한 길이는 약 6cm이고, 찻잎은 가지에
하나 정도 있어야 한다.

실생묘(實生苗)
몇 개월이 지나면 차씨가 발아하면서 싹이 돋아나고
실생묘 특유의 주근계가 형성된다. 주근계는
씨앗에서 발아한 배에서 형성되는 1차, 2차적인
뿌리를 가리킨다.

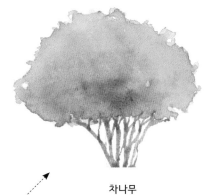

차나무
3~5년이 지나면 찻잎을 따서 차를
생산하는 데 적합한 차나무로 성숙한다.

꺾꽂이모
수개월 뒤 가지에서 뿌리가 땅속으로 내린다.
실생묘와 가장 큰 차이점은 무성하게 번식하는
차나무에 뚜렷한 주근계가 없다는 점이다.

차나무 품종의 원천이 '공식 육성', '외지 유입', '야생 차나무', '자연 번식' 중 어디에 속하든지 간에 차나무의 번식 방법은 '유성생식' 또는 '무성생식'의 두 가지이다. 일단 '유성생식'을 한 뒤에 차나무의 품종을 확립하고 명명하면 반드시 '무성생식'의 방식으로 차나무의 우월한 유전자를 보존해야 한다. 이것이 바로 차나무의 품종을 유지하는 방법이다.

대만의 다원을 방문하다 보면, 소비자와 재배자들에게 인기가 높은 품종의 차나무를 접하는 것 외에도, 많이 재배되지는 않지만 차의 이름이 흥미로울 뿐만 아니라 향미도 궁금증을 불러일으키는 희귀 품종의 차나무들도 심심찮게 발견할 수 있다. 오른쪽 페이지의 도표에서는 그러한 차들의 향미를 품종별로 소개한다. 대만의 차나무 품종은 여기서 소개하는 것 외에도 산악 지대의 들판에서 차 애호가들이 소규모의 다원을 운영하면서 유지하는 희귀한 것들도 많다. 이러한 차들도 장차 사람들에게 그 향미가 새롭게 재조명되어 큰 공감을 얻을 것으로 기대해 본다.

이와 같이 대만에는 다양한 품종의 차나무들이 있으며, 그중 일부 품종들은 재배가 편리하고 생산성이 좋을 뿐만 아니라 향미의 품질까지도 훌륭하여 생산자와 소비자들에게 모두 사랑을 받고 있다. 특히 대만의 모든 차 산지들은 단일 품종의 차나무를 재배하여 차를 생산하는 경향이 강하다. 그렇다면 각 산지마다 특징을 보이는 지역 차들에는 어떤 것들이 있을까?

대만의 농업 통계에 따르면, '청심우롱(靑心烏龍)', '대차(台茶) 12호', '사계춘(四季春)', '청심대유(靑心大冇)', '대차(台茶) 13호'는 오늘날 대만에서 재배 면적이 가장 넓고, 차 생산량도 가장 많은 '5대 품종'이다. 또한 차 산지에서는 저마다 다양한 품종들을 활용하여 특유의 향미를 간직한 지역 특산차를 생산하기 위해 노력하고 있다. 특히 화동차구(花東茶區)에는 '대엽우롱(大葉烏龍)', 남투현 어지향(魚池鄕)에는 '대차 18호'와 '대차 8호', 목책 지역에는 '철관음(鐵觀音)', 삼협차구에는 '청심감자(靑心柑仔)', 그리고 북부 해안의 석문차구(石門茶區)에는 '경지홍심(硬枝紅心)' 등 총 11종에 달하는 인기 품종의 차나무가 있다. 여기서는 이러한 품종의 차나무들을 자세히 관찰해 보면서 대만 차의 이해를 점차 넓혀가 보기로 한다.

차나무 품종	명칭	별칭	차나무 유형	제다 분류	재배지
불수(佛手)	향연 (香櫞)		관목형	홍차	석정(石碇), 평림(坪林), 아리산(阿里山)
무이(武夷)			관목형	우롱차, 홍차	의란(宜蘭), 평림, 석정
사계춘 (四季春)			관목형	우롱차, 홍차	남투송백령(南投松柏嶺)
백모후 (白毛猴)			관목형	동방미인차 (東方美人茶)	석정, 평림
철관음 (鐵觀音)			관목형	정총철관음 (正欉鐵觀音)	목책(木柵)
대엽우롱 (大葉烏龍)			관목형	녹차, 우롱차, 홍차	화동(花東), 대동(台東)
대만산차 (台灣山茶)			교목형	홍차	고웅육귀(高雄六龜), 대동(台東)
청심우롱 (青心烏龍)			관목형	우롱차, 포종차 (包種茶)	전대(全台)
청심대유 (青心大冇)			관목형	동방미인차, 번장 우롱(番庄烏龍)	도원(桃園), 신죽(新竹), 묘율(苗栗)
청심감자 (青心柑仔)			관목형	삼협벽라춘 (三峽碧螺春)	삼협(三峽)
경지홍심 (硬枝紅心)			관목형	석문철관음 (石門鐵觀音)	석문(石門)
대차(台茶) 8호			교목형	홍차	남투일월담(南投日月潭), 대동
대차 12호	금훤 (金萱)	27仔	관목형	포종차, 우롱차, 홍차	전대(全台)
대차 13호	취옥 (翠玉)	29仔	관목형	우롱차	의란, 남투
대차 14호	백문 (白文)		관목형	우롱차	남투송백령(南投松柏嶺)
대차 17호	백로 (白鷺)		관목형	동방미인차	도원용담(桃園龍潭)
대차 18호	홍옥 (紅玉)		교목형	홍차	남투일월담, 송백령(松柏嶺), 화련(花蓮)
대차 21호	홍운 (紅韻)		교목형	홍차	남투일월담
시차(蒔茶)			관목형	우롱차, 항구차(港口茶)	병동항구(屏東港口)

41

별명 | 청심(青心), **우롱**(烏龍), **종자**(種仔), **종차**(種茶), **연지**(軟枝), **정총**(正欉)

청심우롱(青心烏龍)

재배종 | Cultivars of Tea Tree

'청심우롱(青心烏龍)'은 중국에서 들여온 품종으로서 관목형, 소엽종, 만생종에 속하며 우롱차의 생산에 적합하다. 청심우롱은 외관상으로 크기가 약간 작다. 새싹은 녹황색을 띠고 찻잎의 형태는 가는 타원형이다. 가장자리의 톱니 모양은 가늘면서 촘촘하다. 주맥과 측맥이 이루는 각도는 예각을 이룬다. 찻잎의 색상은 짙은 녹색이면서 윤택이 난다.

청심우롱의 품종에서 수확한 찻잎을 부분 산화시켜 만든 우롱차는 우아한 난초의 싱그러운 꽃향기와 미묘하면서도 달콤한 맛으로 대만에서는 가장 많이 즐기는 차로서 여행객들에게도 큰 사랑을 받고 있다. 따라서 이 품종은 대만 전체 차나무의 재배 면적에서 약 61%를 차지하고 있다. 대만 특산차 중에서도 문산포종차(文山包種茶), 고산우롱차(高山烏龍茶), 동정우롱차(凍頂烏龍茶)는 모두 이 품종의 차나무로부터 생산된 것이다.

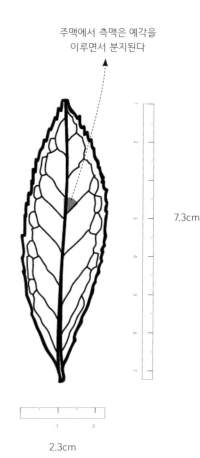

주맥에서 측맥은 예각을 이루면서 분지된다

7.3cm

2.3cm

참고 : 오른쪽 그림은 표본 잎에 따라 잎맥과 윤곽을 묘사한 것으로 실제 크기와의 비율은 1 : 1이다.

청심우롱의 찻잎은 가늘고 길며, 가장자리의 톱니 모양이 촘촘하다. 측맥은 주맥에서 예각을 이루면서 분지된다.

品種:

青心烏龍

地點: 茶業改良場 文山分場

日期: 2018.05.07

15 cm

10

5

0

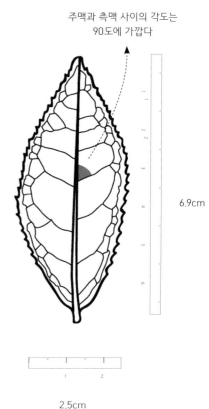

品種 :

台茶 12號

地點 : 茶業改良場 文山分場

日期 : 2018.05.07

15 cm

10

5

0

사계춘(四季春)
재배종 | Cultivars of Tea Tree

'사계춘(四季春)'은 자연적으로 유성생식하는 고유종으로서 우롱차를 만드는 데 적합하다. 분류상으로는 관목형, 소엽종, 조생종에 속한다. 사계춘은 새싹이 연한 자홍색을 띤다. 찻잎의 모양은 비교적 뾰족한 편이다. 찻잎의 색상은 연녹색이고 윤기가 돈다. 가장자리의 톱니 모양은 가늘고 뾰족하다. 잎의 두께는 두껍다.

사계춘의 재배 면적은 대만 전체 재배 면적의 약 15%를 차지한다. 주로 남투향의 명간차구(名間茶區)에 분포하고 있다. 이 품종으로 부분 산화시켜 만든 우롱차에서는 서과(西瓜)와 계화(桂花) 등 꽃과 과실의 향기가 나서 풍미가 아주 매력적이다.

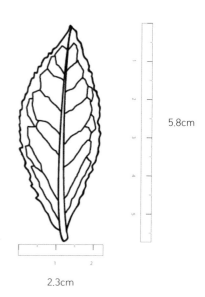

5.8cm

2.3cm

참고 : 오른쪽 그림은 표본 찻잎에 따라 잎맥과 윤곽을 묘사한 것으로 실제 크기의 비율은 1 : 1이다.

사계춘의 찻잎은 양단이 비교적 뾰족하다. 가장자리의 톱니 모양은 매우 가늘고 날카롭다.

品種:

四季春

地點：南投 名間

日期：2018.05.22

15 cm

10

5

0

청심대유(青心大㈩)

재배종 | Cultivars of Tea Tree

청심대유(青心大㈩)는 분류상으로 관목형, 소
엽종, 중생종에 속하며, 우롱차와 녹차를 만
드는 데 적합하다. 청심대유는 외관상 새싹
이 자홍색을 띠고 잔털이 매우 많다. 찻잎의
색상은 매우 짙은 녹색이다. 찻잎의 모양은
기다란 타원형이다. 가장자리의 톱니 모양이
무디다. 찻잎의 중앙부가 폭이 가장 넓고 전
체적으로는 좌우 대칭을 이룬다. 청심대유는
우롱차 중에서도 동방미인차(東方美人茶)를
만들기에 적합한 품종이다. 대만 중부 이북에
위치한 묘죽(苗竹) 지역의 묘차구(苗茶區)에서
주로 재배한다. 그 재배 면적은 대만 전체 차
나무 재배 면적의 약 10%를 차지한다. 무덥
고 습한 늦가을은 동방미인차를 만들기에 가
장 적합한 시기이다. 선충인 소록엽선(小綠葉
蟬)의 분비물로 인하여 산화가 촉진되기 때문
에 동방미인차의 찻빛은 오렌지색을 띠고 맛
도 매우 부드럽고 달콤한 과일의 향미를 낸
다.

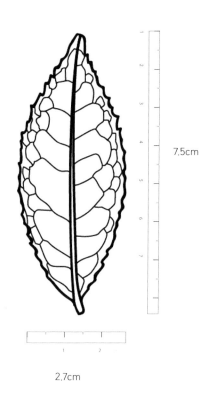

7.5cm

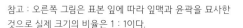

2.7cm

참고 : 오른쪽 그림은 표본 잎에 따라 잎맥과 윤곽을 묘사한
것으로 실제 크기의 비율은 1 : 1이다.

청심대유 품종은 찻잎의 중간 부분이 가
장 폭이 넓고 상하좌우로 대칭이다. 이는
외관상 품종을 구별할 수 있는 중요한 특
징이다.

品種:

青心大冇

地點: 茶業改良場 文山分場

日期: 2018.05.07

15 cm

10

5

0

별명 | 취옥(翠玉), 29자(仔)

대차(台茶) 13호
재배종 | Cultivars of Tea Tree

'대차(台茶) 13호'는 대만 정부에서 육성한 품종으로서 1981년에 이름이 정해진 뒤 발표되었다. 품계 번호는 2029이다. 분류상으로 관목형, 소엽종, 중생종에 속하며, 우롱차와 녹차를 만드는 데 적합하다. '대차 12호'와 같은 '경지홍심(硬枝紅心)'의 혈통을 가진 '대차 13호'는 찻잎의 두께, 짙은 녹색의 색상, 넓은 타원형의 모양, 톱니 모양이 약간 크고 무딘 모양을 띠면서 서로 비슷하다. 주맥에서 측맥이 큰 각도를 이루면서 분지한다. 두 품종의 외관상 큰 차이점은 '대차 13호'의 위 끝부분이 '대차 12호'보다 약간 더 무디다는 것이다. 이 품종의 차나무로부터 딴 찻잎으로 부분 산화시켜 만든 우롱차에서는 야생 생강, 계화, 치자화 등과 같은 진한 꽃향기가 풍긴다.

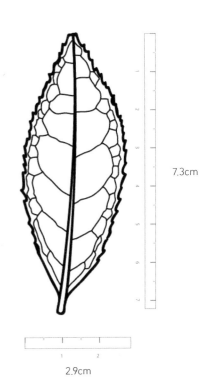

7.3cm

2.9cm

참고 : 오른쪽 그림은 표본 잎에 따라 잎맥과 윤곽을 묘사한 것으로 실제 크기의 비율은 1 : 1이다.

대차 13호는 외관이 대차 12호와 매우 비슷하다. 외관상 두 품종 사이의 가장 큰 차이점은 '대차 13호'의 위 끝부분이 '대차 12호'에 비해 약간 덜 날카롭다는 것이다.

品種：

台茶13號

地點：茶業改良場 文山分場

日期：2018.05.07

51

대엽우롱(大葉烏龍)

재배종 | Cultivars of Tea Tree

'대엽우롱(大葉烏龍)'은 관목형, 중엽종, 조생종의 차나무로, 우롱차와 홍차를 만드는 데 적합하다. 외관상으로는 찻잎이 크고 두께가 두꺼우며 짙은 녹색을 띤다. 새싹은 녹색이고 흰 잔털이 많이 나 있다. 찻잎의 모양은 기다란 타원형이고 위 끝부분이 뾰족하다. 가장자리의 톱니 모양은 뭉툭하고 잎자루 근처의 3분의 1 정도부터는 톱니 모양이 뚜렷하지 않다.

대엽우롱은 적응력이 뛰어난 품종으로 대만 동부의 차 산지에서 산화도가 높은 차류를 만드는 데 주로 사용된다. 예를 들면, '화련밀향홍차(花蓮蜜香紅茶)'와 '대동홍우롱(台東紅烏龍)' 등이다.

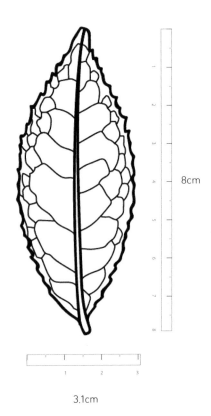

8cm

3.1cm

참고 : 오른쪽 그림은 표본 찻잎에 따라 잎맥과 윤곽을 묘사한 것으로 실제 크기이 비율은 1 : 1이다.

대엽우롱(大葉烏龍)의 찻잎은 위 끝부분이 돌출되어 있고, 가장자리의 톱니 모양이 무디다. 잎자루의 3분 1 정도 부위에는 뚜렷한 톱니 모양이 없다.

品種：
大葉烏龍

地點：茶業改良場 文山分場

日期：2018.05.07

15 cm

10

5

0

별명 | 홍옥(紅玉)

대차(台茶) 18호
재배종 | Cultivars of Tea Tree

'대차(台茶) 18호'는 대만이 정부 차원에서 육성하여 1999년에 명명한 뒤 발표한 품종이다. 소교목형, 대엽종, 조생종에 속하며 홍차를 생산하는 데 적합하다. 외관상으로는 나무가 곧게 자란다. 새싹은 담황색의 기운이 있는 녹색을 띤다. 잔털이 거의 없다. 가장자리는 너울 모양으로 휘어진 모습이다. 찻잎의 색상은 황록색을 띠며, 큰 달걀 모양으로 타원형이다. 두께는 두껍고 가장자리는 너울 모양으로 휘어져 있다. 끝부분이 뚜렷하게 돌출되어 있고 가장자리의 톱니 모양은 가늘면서 날카롭지 않다.

대차 18호는 주로 남투일월담(南投日月潭)의 차구와 그 밖의 해발고도가 낮은 지역에서 재배된다. 화련(花蓮) 지역의 서수(瑞穗), 남투향의 명간(名間) 차구 및 의란(宜蘭) 지역의 삼성(三星) 차구 등이다. 대차 18호로 생산되는 홍차인 홍옥(紅玉)은 찻빛이 밝고 맑다. 향미는 떫은맛이 나면서 민트와 시나몬 특유의 향이 강하게 풍겨 세계 최고급 홍차 시장에서도 독창적인 차로 인정을 받고 있다.

참고 : 오른쪽 그림은 표본 찻잎에 따라 잎맥과 윤곽을 묘사한 것으로 실제 크기의 비율은 1 : 1이다.

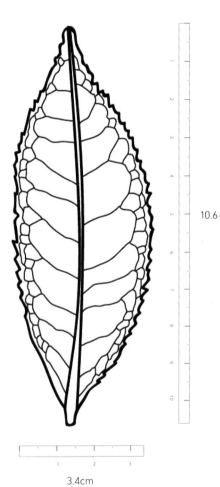

10.6

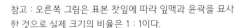

3.4cm

대차 18호인 홍옥(紅玉)의 찻잎은 매우 크면서 타원형이다. 찻잎의 가장자리는 파도의 너울처럼 물결친다. 황록색의 새싹도 가장자리가 너울처럼 물결치는 모양인 것을 볼 수 있다.

品種：
台茶 18號

地點：茶業改良場 文山分場

日期：2018.05.07

15 cm

10

5

0

대차(台茶) 8호
재배종 | Cultivars of Tea Tree

대차(台茶) 8호는 대만이 정부 차원에서 육성하여 1974년에 이름을 정하고 발표한 품종이다. 소교목형 대엽종의 차나무로서 홍차를 만드는 데 적합하다. 새싹은 크고 담황색의 기운 있는 녹색을 띤다. 찻잎 가장자리의 톱니 모양은 크고 둔하다. 부드러운 찻잎은 큰 타원형을 이루고 가장자리는 약간 물결친다.

대차 8호는 인도 아삼주의 대엽종인 자이푸리(Jaipuri)를 들여와 파종하여 재배한 뒤 수십 년간 선별 작업을 통하여 선발한 품종이다. 주로 '대만 홍차의 고향'이라는 남투향의 일월담(日月潭) 차구에서 심어 재배하고 있고, 일부는 대동(台東) 차구에서도 재배하고 있다. 이 품종에서 생산된 홍차는 맛이 훌륭하고 감귤류의 과일향이 나는 '아삼홍차'라 할 수 있다.

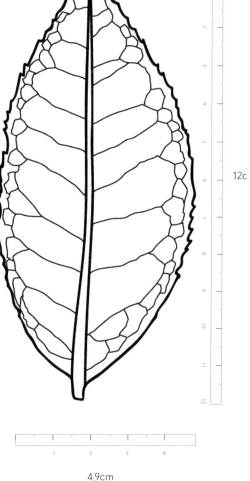

12c

4.9cm

참고 : 오른쪽 그림은 표본 찻잎에 따라 잎맥과 윤곽을 묘사한 것으로 실제 크기의 비율은 1 : 1이다.

대차(台茶) 8호의 찻잎은 대차 18호보다 더 크지만, 위 끝부분의 크기는 대차 18호보다 작다.

品種：

台茶 8 號

地點：茶業改良場 文山分場

日期：2018.05.07

15 cm

10

5

0

PART 1 │ 떫은맛, 쓴맛, 단맛의 '차(茶)'

철관음(鐵觀音)

재배종 | Cultivars of Tea Tree

철관음(鐵觀音)은 중국 복건성(福建省) 천주시(泉州市)의 안계현(安溪縣)에서 들여온 관목형, 소엽종의 품종으로서 우롱차를 만드는 데 적합하다. 새싹은 약간 붉고 노란색을 띤다. 찻잎의 색상은 녹색이다. 찻잎은 긴 타원형을 이루고, 주맥에서 분지하는 측맥의 각도는 약 45°이다. 가장자리의 톱니 모양은 약간 크고 날카롭지 못하다. 찻잎의 위 끝부분은 곱슬곱슬하고 주맥 끝이 약간 휘어져 있다. 이를 속칭 '홍심왜미도(紅心歪尾桃)'라고 한다.

철관음은 찻잎이 나뭇가지 위에서 번갈아 자라며 생산량이 비교적 적다. 주로 신북목책(新北木柵)과 석정(石碇) 차구에서 재배된다. 이 품종으로부터 찻잎을 적당히 부분 산화시킨 뒤 강하게 볶은 '정총철관음(正欉鐵觀音)'은 매우 성숙한 향이 풍기는 것으로도 유명한 대만 특산의 우롱차이다.

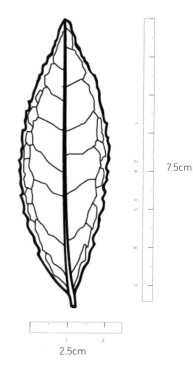

7.5cm

2.5cm

이번에 딴 찻잎에서 '홍심왜미도(紅心歪尾桃)'(사진)의 특징은 분명하지 않지만, 찻잎끼리 서로 겹쳐서 있고 찻잎의 가장자리, 즉 엽연(葉緣)이 고르지 않은 모습은 이 품종을 식별할 수 있는 중요한 특징이다.

참고 : 오른쪽 그림은 표본 찻잎에 따라 잎맥과 윤곽을 묘사한 것으로 실제 크기의 비율은 1 : 1이다.

品種：

鐵 觀 音

地點：木柵 貓空

日期：2018.05.11

15 cm

10

5

0

59

청심감자(靑心柑仔)

재배종 | Cultivars of Tea Tree

청심감자(靑心柑仔)는 관목형, 소엽종, 조생종의 차나무로 녹차를 생산하는 데 적합하다. 외관상으로 새싹은 녹색을 띠고 백호(白毫)가 풍부하다. 찻잎은 짙고 검은 녹색을 띠고 깔끔한 타원형이다. 양쪽 가장자리 부위가 주맥을 향하여 안쪽으로 휘어져 있다. 찻잎의 위 끝부분은 옴폭 패인 모양이다.

이 품종은 신북삼협(新北三峽) 차구에서 주로 재배되며, 찻잎으로는 비산화차인 녹차 중에서도 지방 특산인 '삼협벽라춘(三峽碧螺春)'을 생산한다. 톡 쏘는 그린 빈 향, 신선한 맛, 훌륭한 떫은맛은 이 품종의 중요한 미각 판별 요소이다.

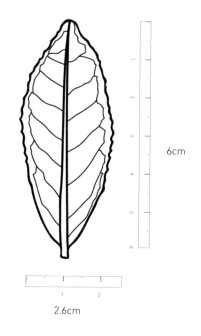

6cm

2.6cm

삼협다원(三峽茶園)에 들어서면 청심감자(靑心柑仔)의 품종이 다른 품종과는 달리 잘 자라는 것을 쉽게 확인할 수 있다. 성숙한 찻잎의 짙은 녹색 외에도 찻잎 양쪽의 가장자리가 뚜렷하게 안쪽으로 휘어져 있다. 찻잎의 위 끝부분이 움푹 패인 것도 청심감자의 품종을 판별하는 데 중요한 특징이다.

참고 : 오른쪽 그림은 표본 찻잎에 따라 잎맥과 윤곽을 묘사한 것으로 실제 크기의 비율은 1 : 1이다.

品種：**青心柑仔**

地點：新北 三峽

日期：2018.05.15

15 cm

10

5

0

PART 1 │ 떫은맛, 쓴맛, 단맛의 '차(茶)'

경지홍심(硬枝紅心)
재배종 | Cultivars of Tea Tree

'경지홍심(硬枝紅心)'은 관목형, 소엽종, 조생종에 속하며, 우롱차를 만드는 데 적합하다. 외관상으로 찻잎은 매우 기다란 바늘 모양의 타원형이다. 찻잎의 촉감은 매우 단단하다. 가장자리의 톱니 모양은 매우 예리하면서 크기와 모양이 매우 다양하다. 새싹에는 잔털인 용모(茸毛)가 풍성하다. 그리고 새싹이나 어린잎들은 자홍색을 띤다. 경지홍심은 환경에 대한 적응력이 뛰어나 주로 북부 해안에 인접한 신북석문(新北石門)의 차구에서 주로 재배한다. 찻잎은 부분 산화시켜 강하게 볶아 우롱차인 철관음을 만들고, 여름철에는 색채가 강렬하고 농도도 진한 홍차를 만든다.

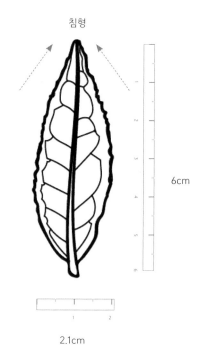

침형

6cm

2.1cm

참고 : 오른쪽 그림은 표본 찻잎에 따라 잎맥과 윤곽을 묘사한 것으로 실제 크기의 비율은 1 : 1이다.

특기 사항 : 위의 그림에서 묘사한 찻잎의 길이와 찻잎의 폭은 실제 채취한 것을 분석한 결과로서 어디까지나 참고용이다. 찻잎의 크기는 품종 자체의 유전자가 주는 근본적인 영향 외에도 재배 환경, 시비 조건, 수확할 당시의 성숙도에도 영향을 받는다.

경지홍심도 판별하기 쉬운 품종이다. 찻잎과 어린잎의 붉은 색상이 뚜렷할 뿐만 아니라 촉감이 단단한 것도 인상적이다..

品種 :

硬枝紅心

地點 : 新北 石門

日期 : 2018.05.14

찻잎에 함유된 향미 성분

차의 맛과 향은 주로 찻잎 내의 수용성 성분으로 생성된다. 그중에서도 떫은맛을 내는 데는 티 폴리페놀류, 쓴맛을 내는 데는 테인, 그리고 단맛을 내는 데는 테아닌이 중요한 역할을 한다.

차의 향미를 결정하는
세 가지의 주요 성분들

신농(神農)이 최초로 차를 발견한 뒤부터 중국인들은 찻잎을 약용으로 달여서 마셨다. 그리고 '도(荼)', '가(檟)', '설(蔎)', '명(茗)', '천(荈)' 등은 모두 차를 뜻하는 옛 글자이다. 이 옛 글자들 중 일부는 차의 향미를 묘사하는 데 사용된다. 예를 들면 '가(檟)'는 '차의 맛이 쓰다'는 뜻이고, '설(蔎)'은 향기로운 풀, 즉 '향초(香草)'라는 뜻이다.

신농은 차에서 약효(藥效)를 발견하였지만, 사람들은 점차 차를 마시는 시간이 길어지면서 차 안에서도 품위 있는 가치를 발견하고 감상하기 시작하였다. 특히 삼국시대(三國時代, 220~280)에는 차를 진한 맛과 부드러운 맛으로 잘 우려내 조조(曹操, 155~220)의 찬사를 받은 절세의 미인도 있었다. 그 미인의 이름은 오나라의 명장인 주유(周瑜, 175~210)의 아내 소교(小喬)였는데, 그 이름조차도 차나무의 분류와 관련이 있다.

한편, 삼국시대의 사람들이 이미 차의 감미로운 맛을 느낄 수 있었다고 해도, 당시 소교는 약초를 달이는 방식으로 찻잎의 투차(投茶) 시기와 수온을 조절하면서 차를 우려냈다. 훗날 당나라와 송나라의 태평성세에는 차를 마시는 풍조가 문인과 선비들 사이에서도 크게 유행하였다. 특히 송나라 시대의 문인들은 '차 달이기', '향 태우기', '꽃꽂이', '그림 내걸기'를 일상적으로 진행하였는데, 그중에서도 차를 달이는 일은 첫 번째의 일로 꼽았다. 이와 함께 중국인들이 차를 마시는 방식은 왕조의 변천과 함께 진화하였지만, 차를 마시고 그 맛을 즐기는 일에 대한 관심은 여전히 변함이 없다. 더욱이 오늘날에는 차를 마시는 일이 전 세계적인 이슈로 떠오르고 있다.

그런데 찻잎에는 대체 어떤 성분들이 함유되어 있어서 그런 것일까? 신농이 처음 발견하여 약초로 삼은 뒤로 중국인들은 수천 년에 걸쳐서, 근대에 와서는 서양인들까지도 차에 빠지도록 만들었다. 이러한 찻잎에 든 성분들은 차의 맛과 향에 직결되어 있을 뿐만 아니라, 신농이 처음에 약초로 보았듯이 인류의 건강에도 큰 기여를 하고 있다.

과학적인 연구에 따르면, 차의 향미는 주로 찻잎에 함유된 수용성 성분에 의해 결정된다. 이 수용성 성분들은 건조 찻잎의 무게에서 약 25~35%를 차지한다. 그중에서도 '티 폴리페놀류', '테인', '테아닌'이라는 세 성분이 가장 중요한 역할을 하는데, 전체 수용성 성분의 약 73%를 차지하고 있다고 한다. 이 세 성분들은 비중이 매우 높을 뿐만 아니라 각기 다른 향미와 질감을 촉발한다. 따라서 차의 향미와 질감을 구성하는 중요한 풍미 성분이다. 여기서는 이러한 세 성분들을 중점적으로 소개하기로 한다.

티 폴리페놀류 ― 차의 '떫은맛'

'티 폴리페놀류(tea polyphenols)'는 찻잎에 함유된 30여 종의 폴리페놀류를 총칭하는 말이다. 카테킨류(catechins), 플라보노이드류(flavonoid), 안토시안(anthocyan), 페놀산(phenolic acid)의 '4대 성분'들을 함유하고 있다. 이 4대 성분들은 찻잎의 전체 수용성 성분들 중에서 약 48%에 달할 정도로 큰 비중을 차지하고 있다.

티 폴리페놀류의 성분 중에서 약 70%는 카테킨류(타닌 등)이다. 따라서 카테킨류는 티 폴리페놀류의 대표적인 성분이다. 이러한 성분들의 티 폴리페놀류는 차를 전 세계에서 가장 품위 있고 가치 있는 음료로 올려놓고 있다. 찻잎을 가공하는 과정에서 그러한 성분들에 산화가 일어나면서 결과적으로 차의 색, 향, 맛에서 큰 변화가 일어나는 것이다.

티 폴리페놀류 중에서 카테킨류는 맛과 관련해서는 떫은맛과 수렴성을 일으키는 주요 성분이다. 떫은맛은 입안의 상피나 혀의 표면에 주름이 지는 느낌을 주는 감각이다. 미각을 묘사하는 용어에서는 '구감(口感)' 또는 '마우스필(mouthfeel)'이라는 촉각의 범주에 속하는 것이다.

건강 효능상 티 폴리페놀류는 차를 마셨을 때 입안에서 기름기와 느끼함을 없애 준다. 수많은 국내외 과학자들이 티 폴리페놀류가 체내에서 활성 산소의 생성을 억제시키고, 항암, 항산화, 혈당 및 혈액 내의 지질을 감소시킬 뿐만 아니라 소염 및 살균 등의 효능도 있다는 사실을 확인하였다.

테인 — 차의 '쓴맛'

차에서는 '테인(theine)'이라고도 하는 카페인(caffeine) 성분은 테오필린(theophylline), 테오브로민(theobromine)과 함께 크산틴(xanthine) 알칼로이드(alkaloid)에 속한다. 찻잎에 든 전체 수용성 성분의 약 10 %를 차지한다. 씨앗을 제외한 차나무의 모든 부위에 테인이 함유되어 있다.

이 테인은 맛과 관련해서는 커피 원두의 카페인과 같은 성분으로서 쓴맛을 내는 주요 '자미(滋味, Taste)' 물질이다.

건강 효능상으로도 차에 든 테인은 커피의 카페인과 동일하게 중추신경계를 자극하여 정신을 맑게 하고 신체의 신진대사를 촉진한다.

● 테인(theine)

차(茶)에서 발견된 알칼로이드 성분이다. 19세기 초 과학자들에 의해 앞서 커피에서 발견된 '카페인(caffeine)' 성분과 화학적으로 동일한 것으로 밝혀져 공식적으로는 '카페인'이라고도 한다. 그런데 차에 든 카페인은 커피에 든 카페인과 달리 마실 때 자극성이 덜하다. 그 이유는 함유 농도가 상대적으로 낮고, 또 차에 든 '테아닌(theanine)' 성분이 카페인의 효과를 상쇄시키는 길항 작용도 하기 때문인 것으로 알려져 있다. 이 책에서는 차에 든 카페인(caffeine) 성분을 '테인(theine)'이라고 표기한다. _ 편집자 주

테아닌 — 차의 신선한 '단맛'

테아닌(theanine)은 찻잎에 존재하는 유리 아미노산으로서 차의 고유한 식물성 성분이다. 단백질의 조성 성분으로서 전체 수용성 성분의 약 15%를 차지한다.

테아닌은 맛과 관련해서는 차의 신선한 맛과 단맛을 내는 주요 성분인 동시에 차의 가공 과정에서 풍부한 향을 생성시키는 중요한 전구적인 성분이기 때문에 찻잎의 품질을 결정하는 중요한 지표 중의 하나이다. 어느 봄날에 석정(石碇) 차구에서 갓 생산한 포종차(包種茶)를 맛보았던 적이 있다. 꽃향기에 풍부하면서도 안정된 '머랭(meringue)'(달걀 흰자를 휘핑한 뒤 설탕을 넣어 만든 디저트의 일종)의 향이 담겨 있어서 차를 마셨을 때 단맛이 감미롭게 돌아 떫은 맛이라고는 전혀 느껴지지 않았다. 풍부한 머랭의 향과 단맛은 아마도 춘차에 든 풍부한 테아닌 때문일 것이다.

건강 효능과 관련한 연구에서는 테아닌을 적당량으로 섭취하는 사람은 기분이 좋아지고 행복감을 느끼면서 자신도 모르게 생활상의 스트레스와 생리적인 스트레스도 덜 느낀다는 결과가 나왔다. 이는 아마도 그 옛날 사람들이 '번민을 떨쳐 주고 갈증을 해소해 주는 것이 차'라고 말한 것과 결코 무관하지 않을 것이다. 이 밖에도 테아닌은 테인이 주는 부작용, 즉 차를 마시면 잠이 오지 않는 영향을 낮춰 줄 수 있다

당류와 펙틴 성분 — 차의 감미와 매끄러운 목 넘김

찻잎에 함유된 당류(과당, 포도당, 맥아당 등)는 차의 단맛과 부드러운 질감을 내는 중요한 성분이다. 테아닌과 마찬가지로 단맛을 내는 당류는 찻잎 전체 수용성 성분의 약 7%에 달한다. 또한 찻물의 걸쭉함과 부드러운 질감, 쓴맛에 의한 미각적 자극을 적당히 완화해 주는 펙틴(pectin) 성분은 찻잎 전체

수용성 성분의 약 5%를 차지한다.

'신맛'과 '짠맛'의 성분

찻잎에 함유된 신맛의 성분은 주로 구연산, 사과산, 갈산 등과 같은 유기산으로서 찻잎 전체 수용성 성분의 약 7 %를 차지한다. 그리고 짠맛의 성분은 염화칼륨, 염화나트륨과 같은 중성 무기염이다.

'티 폴리페놀류'에 의한 떫은맛, '테인'에 의한 쓴맛, '테아닌'에 의한 단맛과 비교할 때, 신선한 찻잎에서는 신맛과 짠맛은 미뢰로 거의 느껴지지 않는다. 그러나 차를 가공하는 과정에서는 산화 반응을 통해 차에도 신맛이 생성될 수 있다. 적당한 신맛은 차의 맛을 훨씬 더 생동감이 넘치고 풍부하게 만들 수 있다. 부분 산화된 우롱차나 완전히 산화된 홍차에서나 느껴 볼 수 있는 맛이다.

● 테인과 카테킨의 맛 비교!
테인과 카테킨의 맛은 약간 비슷하면서도 미묘하게 다르다. 녹차, 홍차, 우롱차에서 '쓴맛'을 내는 성분인 테인은 카테킨이 갖고 있는 쓴맛이 감도는 떫은맛과 비교하면 다소 약한 쓴맛이다. 정확히 말하지면 약간 단맛이 감도는 쓴맛이다. 만약 녹차에서 테인 성분을 제거하면 녹차 본연의 '산뜻하고 가벼운 쓴맛'이 사라진다. 따라서 테인은 차의 맛에서 중요한 요소이다. 역으로 쓴맛이 산뜻하면서도 맛있게 느껴지는 차는 테인이 다량으로 함유되어 있다고 할 수 있다.
_편집자 주 : 일본 오쓰마여자대학교 오모리 마사시 명예교수의 『차(茶)의 과학』 중에서

73%

신선한 찻잎에 함유된 주요
차의 맛 성분.

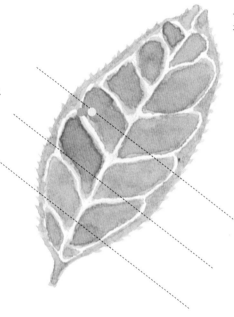

● 테인 10%, 쓴맛 |
차를 마실 때
나는 쓴맛의 원천이다.
정신을 맑게 하고
신진대사를 촉진하는
효능이 있다.

티 폴리페놀류 48%, 떫은맛 |
떫은맛을 주는 티 폴리페놀류(카테
킨류 등)는 입안의 느끼함을 해소해
주는 동시에 혈당과 혈중 지질을 낮
추고 암을 예방하며 노화를 방지하
는 건강 효능이 있다.

테아닌 15 %, 신선한 단맛 |
테아닌은 찻잎에 함유된 아미노산
으로서 싱그러운 단맛을 안겨 주
면서 심리적, 육체적 스트레스를
완화시킨다.

27%

당류, 향기, 그리고 그 밖의 수용성 성분.

티 폴리페놀류, 테인, 테아닌은 차의 전체 수용성 성분의 약 73%를 차지한다.
이 성분들은 차를 우리면 떫은맛, 쓴맛, 단맛을 내는 데 기여한다.

방향성 성분

세상에서 맛을 따져 볼 만한 모든 음료는 향을 강조하는데, 따라서 향이 때로는 품질을 나타내기도 한다. 찻잎도 물론이다. 신선한 찻잎에 함유된 휘발성 향미 성분(카로티노이드, 베타카로틴 등)은 찻잎 전체 수용성 성분의 0.02~0.03%에 이른다. 찻잎은 방향성 성분의 함유량이 낮은 편이지만, 최종 상품의 찻잎에서는 향이 난다. 그러한 향들은 가공 과정에서 찻잎 내부의 수용성 성분들이 산화하면서 생성되는 일종의 방향성 성분들이다. 티 폴리페놀류(카테킨류 등)와 테아닌은 차를 가공할 때 향의 생성을 촉진하는 중요한 성분들이다.

연구 분석 결과, 찻잎에 함유된 향미 물질은 약 700종 이상이며, 대개 11개로 분류된다. 신선한 찻잎에서 80여 종, 비산화차로 가공한 녹차류에서 200여 종이 발견되었다. 주로 알코올류와 알데히드류로서 차의 신선함과 싱그러운 향을 내는 것이 특징이다. 홍차류에서는 400여 종의 방향성 성분들이 함유되어 있는데, 주로 테르펜류(terpene), 파라벤(paraben)과 그 산화물, 살리실산메틸(methylsalicylate)와 β-다마세논(damascenone) 등이 존재하여 농익은 꽃향기, 달콤한 과일향의 화합물이다. 우롱차는 녹차와 홍차 사이의 향이 난다. 주로 인돌(indole)이나 재스민 락톤(jasmine lactone)과 청아한 꽃향기를 지닌 리날롤(linalool), 은방울꽃과 오렌지꽃의 향기가 나는 네롤리돌(nerolidol)과 장미꽃향의 시트로넬롤(citronellol) 등의 모노페놀류, 이오논(ionone), 시스재스몬(cis-jasmone) 등이 있다.

명칭	정의	특성
1 알코올류(alchol)	수산기(-OH)와 탄소 원자가 결합한 유기화합물.	휘발성이 있다. 특히 지방족 포화 알코올류는 특징적인 향기를 지니기 때문에 보통 식품의 착향료로 사용된다. 대표적인 것이 장미, 베리류의 향이다.
2 알데히드류(aldehyde)	포르밀기(-CHO)를 지닌 유기화합물.	무색 가연성의 액체. 알코올류와 마찬가지로 향을 내기 때문에 향수나 식품의 착향제로 많이 사용된다. 대표적인 것이 계피나, 바닐라의 향 등이다.
3 테르펜류(terpene)	분자식이 $C_{10}H_{16}$인 유기화합물.	식물의 에센셜 오일이나 수지, 그리고 방향성 화합물에 많이 들어 있다. 착향제나 의약품에 많이 사용된다. 대표적인 것이 감류향이나 송백향 등이다.
4 파라벤류(paraben)	파라히드록시벤조산과 여러 알코올류들이 반응해 형성되는 물질.	미생물을 억제하는 효능이 있어 주로 식품이나 화장품의 보존재나 인공 향미료로 사용된다. 유해성이 있어 그 사용량이 엄격히 제한된다.
5 인돌(indole)	화학식 C_8H_7N인 헤테로고리 방향성 화합물.	차의 주요한 향기 성분이다. 코르타르, 재스민유, 배설물에도 존재하여 불쾌한 냄새가 나지만, 차에서처럼 극히 미량일 경우에는 꽃향기가 난다.
6 재스민 락톤 (jasmine lactone)	화학식이 $C_{10}H_{16}O_2$인 방향성 화합물.	복숭아나 살구의 향미를 강하게 풍긴다. 보통 재스민유, 월하향, 치자나무, 미모사, 허니서클, 릴리, 찻잎, 복숭아, 생강에 천연적으로 함유되어 있다.
7 리날룰(linalool)	화학식이 $C_{10}H_{18}O$인 방향성 화합물.	꽃과 식물에서 천연적으로 발견되는 방향성 화합물로서 은방울꽃이나 알로에의 향이 난다. 비누, 세제, 샴푸, 로션 등 방향성 제품이나 세척제의 가향제로도 사용된다.
8 네돌리돌(nerolidol)	화학식이 $C_{15}H_{26}O$인 방향성 화합물.	차의 주요 향기 성분이다. 네롤리, 생강, 재스민, 라벤더, 차나무, 삼 등에 천연 성분으로서 함유되어 있다.
9 시트로넬롤(citronellol)	화학식이 $C_{10}H_{20}O$인 방향성 화합물.	식물의 정유에서 장미향을 갖는 성분. 장미유의 조합이나 파인애플향, 감귤계향, 장미향, 꿀향의 착향제로 사용된다. 이외에도 향수, 화장품, 비누에 향을 내기 위해 사용된다.
10 이오논(ionone)	유기화합물인 케톤(ketone)의 일종.	운향과 식물의 휘발성 정유에 함유되어 있다. 신선한 제비꽃과 포도와 같은 향이 나기 때문에 음료에서 과일향을 강화하거나 향료의 첨향 등에 사용된다.
11 시스재스몬 (cis-jasmone)	화학식 $C_{11}H_{16}O$인 유기화합물.	재스민꽃향이나 과일나무의 꽃향이 강하게 풍기기 때문에 향수에 많이 사용되는 물질이다.

* 편집자 주 : 본 도표는 본문의 이해를 돕기 위해 별도로 작성된 것입니다.

그 밖의 성분들

찻잎에 든 사포닌(saponin)은 차를 잔에 따를 때 찻물 표면에 기포를 형성시키는 성분이다. 이 사포닌은 맛과 관련해서는 쓴맛과 매운맛을 내지만, 찻잎 전체 수용성 성분에서 차지하는 비중이 매우 낮기 때문에 미각적으로 잘 인식할 수 없다. 연구 결과, 찻잎에 함유된 사포닌은 항균, 항산화 등의 건강 효능이 있는 것으로 밝혀졌다.

찻잎에는 비타민 B와 C의 외에도 수많은 지용성 비타민(비타민 A, D, E, K 등)들이 함유되어 있다. 그리고 비타민 B와 C는 각기 건강에 좋은 효능이 있다. 녹차에는 비타민 C의 함유량이 홍차보다 많지만 보관 기간이 길어지면 점차 그 함유량이 줄어든다. 따라서 녹차는 구입한 뒤 즉시 우려내 마셔야 신선한 향미를 느낄 수 있을 뿐만 아니라 비타민 C도 많이 섭취할 수 있다.

또한 차나무는 토양에서 양분을 흡수하면서 미네랄 성분도 함께 흡수하기 때문에 마그네슘, 칼륨, 망간, 철분, 플루오린(불소) 등과 같은 미네랄 성분들도 많이 함유하고 있다. 이 중에서 플루오린은 치아와 뼈의 건강을 지켜 주는 성분이다.

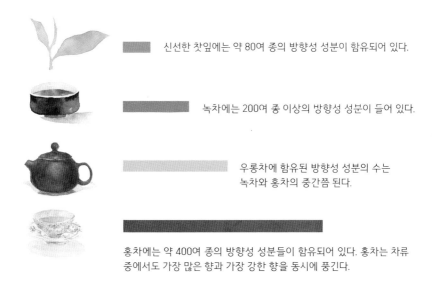

신선한 찻잎에는 약 80여 종의 방향성 성분이 함유되어 있다.

녹차에는 200여 종 이상의 방향성 성분이 들어 있다.

우롱차에 함유된 방향성 성분의 수는 녹차와 홍차의 중간쯤 된다.

홍차에는 약 400여 종의 방향성 성분들이 함유되어 있다. 홍차는 차류 중에서도 가장 많은 향과 가장 강한 향을 동시에 풍긴다.

찻잎의 엽육 구조

식물인 차나무는 뿌리로는 양분을 흡수하고 찻잎에서는 광합성을 일으켜 개체의 성장에 필요한 성분들을 생성한다. 찻잎의 본체인 엽육(葉肉)(잎살)은 이런 성분들을 저장하는 적당한 공간이다.

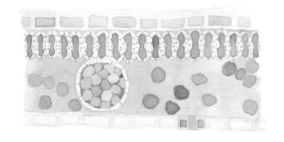

향미를 간직하는 엽육 조직

찻잎에서 맛과 향을 내는 향미 성분들은 주로 찻잎의 엽육(葉肉) 조직 내에 함유되어 있다. 따라서 찻잎의 몸체인 엽육의 구조를 알면 차엽과 차의 풍미의 관계를 보다 더 잘 이해할 수 있다.

일반적인 목본식물의 엽육 구조와 마찬가지로, 찻잎도 윗면이 매끄럽고 빛나는 녹색의 표피로 덮여 있다. 그리고 찻잎 윗면을 통해서는 햇빛을 받아 광합성이 일어나고, 거칠고 흰색을 띠는 아랫면의 수많은 기공을 통해서는 호흡 작용과 함께 수분의 증발 작용이 일어난다. 찻잎의 윗면과 아랫면의 사이에는 두 개의 주요 조직이 있다. 하나는 엽육 윗면 바로 아래쪽에 길고 가지런하게 울타리 모양으로 배열된 '책상조직(柵狀組織)'이고, 다른 하나는 엽육 아랫면 위쪽에 느슨하고 불규칙한 모양으로 배열된 '해면조직(海綿組織)'이다. 그 사이에는 수분과 양분을 운송하는 잎맥(관다발)의 구조가 있다.

엽육 내에서 위쪽에 위치한 울타리 모양의 책상조직에는 엽록소(葉綠素)가 많이 분포하는 반면, 아래쪽의 해면조직에는 엽록소의 수가 적다. 따라서 찻잎의 윗면은 녹색으로 보이고, 뒷면은 상대적으로 하얗게 보인다. 엽육 내 아래쪽의 불규칙하고도 느슨한 모양인 해면조직에는 액포와 같은 세포 소기관들이 분포하고 있다. 이 액포는 세포막으로 둘러싸여 있는데, 그 속에는 티·폴리페놀류, 테인, 다닌, 딩류, 카로틴, 방향성 물질 등과 같이 차의 향미를 결정하는 성분들이 수용액 상태로 저장되어 있다.

찻잎의 엽육 구조

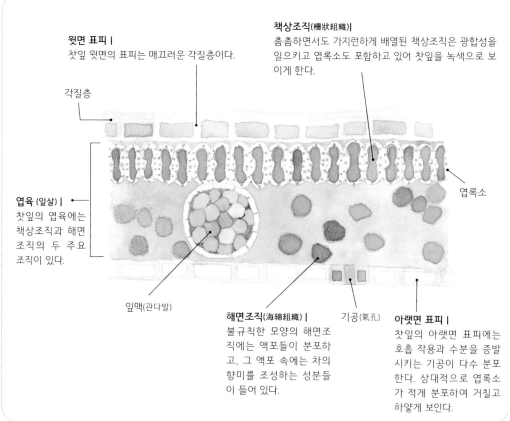

윗면 표피 |
찻잎 윗면의 표피는 매끄러운 각질층이다.

책상조직(柵狀組織) |
촘촘하면서도 가지런하게 배열된 책상조직은 광합성을 일으키고 엽록소도 포함하고 있어 찻잎을 녹색으로 보이게 한다.

각질층

엽육 (잎살) |
찻잎의 엽육에는 책상조직과 해면조직의 두 주요 조직이 있다.

엽록소

잎맥(관다발)

해면조직(海綿組織) |
불규칙한 모양의 해면조직에는 액포들이 분포하고, 그 액포 속에는 차의 향미를 조성하는 성분들이 들어 있다.

기공(氣孔)

아랫면 표피 |
찻잎의 아랫면 표피에는 호흡 작용과 수분을 증발시키는 기공이 다수 분포한다. 상대적으로 엽록소가 적게 분포하여 거칠고 하얗게 보인다.

대엽종의 엽육은 책상조직이 단층을 이루고, 소엽종의 엽육은 책상조직이 2~3개의 층을 이룬다.
대엽종과 소엽종에서 보이는 엽육의 차이는 찻잎의 모양, 색상, 향미에 직접적인 영향을 준다.

대만차(臺灣茶)의 이해

대엽종과 소엽종에 따른
맛과 질감의 차이

차나무는 찻잎의 크기로 분류할 수도 있다. 바로 '대엽종'과 '소엽종'이다. 그런데 이 대엽종과 소엽종은 찻잎의 크기 외에도 엽육 속에 든 책상조직과 해면조직의 비율에서도 큰 차이가 난다는 사실이 최근 연구를 통해 밝혀졌다. 또한 그러한 차이는 대엽종과 소엽종에서 느낄 수 있는 차의 맛과 느낌(바디감)에 직접적인 영향을 준다고 한다.

책상조직이 대엽종의 경우에는 단층을 이루고, 소엽종의 경우에는 2~3개 층을 이룬다. 이로 인해 소엽종의 찻잎이 일반적으로 대엽종의 찻잎보다 더 짙은 녹색으로 보인다.

그리고 해면조직과 책상조직의 비율을 살펴보면, 대엽종의 경우 해면조직이 책상조직보다 2~3배나 많고, 소엽종의 경우 해면조직과 책상조직의 비율이 약 1 : 1 정도 된다. 그런데 차의 향미를 결정하는 성분들을 내포한 액포가 주로 해면조직이 존재하기 때문에, 액포가 해면조직에 풍부할수록 찻잎에 향미 성분들도 풍부하여 차의 바디감이 강해진다.

찻잎의 경우에는 대엽종에서 해면조직이 더 풍부하여 향미 성분도 더 많아 교목형 차나무로 생산한 보이차나 홍옥홍차와 같은 대엽종으로 만든 차는 그 향미가 풍부하고 쓰고 떫은맛도 강하다. 반면 소엽종은 해면조직이 대엽종만큼 풍부하지 않다. 따라서 쓰고 떫은맛이 약하여 상대적으로 테아닌의 단맛을 미뢰에서 쉽게 느낄 수 있다. 따라서 소엽종의 찻잎으로 만든 우롱차를 마실 때면 차에서 부드럽고 고운 바디감과 함께 단맛도 즐길 수 있는 것이다.

찻잎 크기 / 향미	티 폴리페놀류 / 떫은맛	테인 / 쓴맛	테아닌 / 신선한단맛	차의 바디감 (질감)
대엽종	높다	높다	높다	활기차고 강력함
소엽종	낮다	낮다	높다	부드럽고 달콤함

77

The Stress
of Tea Tree's
Survival.

차나무의 역경

동물들은 위협을 받으면 움직여서 도망을 가지만, 식물인 차나무는 곤충의 위협을 받아도 제자리에서 이겨 내야 한다. 포도나무와 마찬가지로 식물인 차나무도 곤충의 식욕을 낮추기 위하여 자신의 찻잎에서 쓰고 떫은맛이 더욱더 강하게 나도록 한다.

역경에 따라
차의 향미도 달라진다

남프랑스에서 작열하는 햇살은 산지의 와인에 특별한 신맛과 함께 풍부한 바디감을 가져다준다. 따라서 와인을 마시면 신맛과 함께 남프랑스의 '따뜻한 햇살'과 산지의 '테루아'를 동시에 마시는 셈이다.

그렇다면 뜨거운 햇살이 남프랑스 와인에 신맛과 떫은맛, 그리고 중후한 바디감을 어떻게 안겨 주는 것일까?

이는 식물인 포도나무가 환경에서 겪는 역경과 깊은 관련이 있다. 뜨거운 태양광이 환경에 따뜻한 햇살을 안겨 주면서 기후가 온화해지면 결과적으로 곤충들을 불러들인다. 포도원의 주렁주렁 달린 포도는 곤충들이 좋아하는 먹잇감이기 때문에 수많은 곤충들이 포도원으로 몰려든다. 이와 같이 수많은 곤충들의 유입은 실은 식물인 포도나무에는 엄청난 스트레스이자 생존의 역경이다.

생존의 역경에 처한 포도나무는 포도가 곤충에 먹히는 것을 막기 위해 노력한다. 따라서 곤충이 좋아하지 않는 신맛과 떫은맛이 나는 카테킨류인 타닌(tannin)을 포도껍질에 생성시켜 곤충의 식욕을 떨어뜨리고, 포도가 곤충의 먹잇감이 되지 않도록 보호한다. 타닌 성분은 식물인 포도나무가 곤충으로 인해 역경을 겪을 때 스스로를 보호하기 위해 자체적으로 생성시키는 후차적 대사산물이다. 이러한 물질들을 일반적으로 '2차 대사산물(secondary metabolites)'이라 한다. 이러한 보호 및 방어의 2차 대사 과정은 비단 포도나무에서뿐만 아니라 식물계 전체에서도 쉽게 볼 수 있다.

포도원의 포도나무가 겪는 역경과 그에 대한 방어 과정과 마찬가지로, 햇빛과 따뜻한 기후가 수많은 곤충들을 다원으로 불러들여 먹잇감으로 정착 및 번식시키면서 차나무에도 역경을 안겨 준다. 포도나무와 같은 식물인 차나무도 물론 그러한 역경에서 스스로를 보호하려고 한다. 그 결과 차나무는 찻잎에 떫은맛의 성분들을 다량으로 생성시켜 곤충들의 식욕을 떨어뜨린다. 차나무가 외부 역경으로부터 자신을 보호하기 위하여 자체 생성하는 2차 대사산물은 수용성 성분으로 다음의 세 가지가 있다. 먼저 '타닌'과 '카테킨', 그리고 '테인'이다.

한편, 식물은 역경 외에도 스스로를 돕기 위하여 '2차 대사과정'을 활성화하는 몇 가지의 상황이 있다. 예를 들면, 종의 번식을 위해 씨앗을 퍼뜨려 곤충의 수분을 유도하거나 식물들 사이에 세균이 확산되는 것을 억제하기 위한 상황 등이다. 이와 같이 식물의 자체 보호 및 방어나 번식, 그리고 병원균의 억제 목적 외에도 식물의 2차 대사산물은 사람이 침출하여 의료 및 건강 관리를 위한 목적으로 중의학이나 서양 의학에서 널리 사용되는 것도 자주 볼 수 있다.

그런데 식물에는 이와 같은 2차 대사산물 외에도 '1차 대사산물(primary metabolites)'이라는 물질도 있다. 식물의 생리적인 기능을 유지하는 데 필요한 물질과 에너지를 말한다. 예를 들면 단백질, 당류, 지질 등이다. 특히 차의 단맛 성분인 '테아닌'과 '당류', 그리고 차를 마실 때 목 넘김을 부드럽게 하는 '펙틴 성분'은 차나무의 대표적인 1차 대사산물이다.

식물이 처한 역경과 '2차 대사산물'의 연관성을 이해하면 찻잎에 떫은맛을 주는 '티 폴리페놀류'와 쓴맛을 내는 '테인' 등의 함유량이 실은 햇빛이나 기온과 같은 테루아적인 환경 요인과 깊은 관련이 있다는 사실을 알 수 있다. 여기서는 테루아적인 몇몇 상황과 차의 맛에 관하여 소개하기로 한다.

상황 1. 계절과 차의 맛

대만에서 여름과 가을은 기후가 연중 가장 온화하고 맑은 계절이다. 이때는 곤충의 유입이 많은 시기이기 때문에 차나무는 찻잎에 티 폴리페놀류와 테인을 보다 더 많이 생성시킨다. 따라서 여름과 가을에 생산된 차에서는 향미 측면에서 쓴맛과 떫은맛이 강하게 나타난다. 반면 봄과 겨울에는 기온이 낮

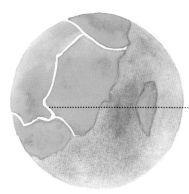

여름/가을

역경이 많음 | 2차 대사산물이 많아 비교적 쓰고 떫은맛이다.

봄/겨울

역경이 적다 | 2차 대사산물이 적어 떫은맛이 비교적적고 달다.

고 곤충의 유입도 적다. 그리고 1차 대사산물인 '테아닌'과 '당류 및 펙틴'(단맛과 감칠 농도) 등을 더 많이 생성시키기 때문에 차에서 상대적으로 단맛이 많이 난다.

결국 봄의 춘차(春茶)와 겨울의 동차(冬茶)는 단맛이 뚜렷하고 떫은맛이 적으면서 농도도 진하고 목 넘김도 훨씬 더 부드럽다. 이것이 바로 우롱차를 좋아하는 사람들이 춘차와 동차를 선호하는 이유이다.

상황 2. 해발고도와 차의 맛

해수면 위의 대기 온도는 해발고도가 100m씩 높아질 때마다 약 0.6도씩 내려간다. 즉 해발고도가 올라가면 기온이 낮아지는 것이다. 따라서 해발고도가 높은 고산 지대의 다원은 기온이 비교적 한랭하다. 차나무의 입장에서는 고산 지대의 경우에 곤충이 적기 때문에 2차 대사산물을 많이 생성할 필요가 없다. 그러나 오후에는 산과 구름이 태양을 일찍 가려 일교차가 크기 때문에 차나무는 1차 대사산물인 테아닌과 다당류를 찻잎에 저장하는 작용이 원활히 일어난다. 따라서 고산 지대에서 생산된 차에서는 단맛과 감칠맛이 나는 것이다. 이러한 현상은 비단 찻잎에서뿐만 아니라 다른 고랭지의 채소에서도 동일하게 일어난다.

대만에서는 해발고도 1000m 이상인 다원에서 생산되는 차를 '고산차(高山茶)'라 분류한다. 이와 같이 특별하게 분류하는 것은 고지대와 저지대에서 기온의 차이가 뚜렷하여 찻잎에 함유된 향미 성분의 비율도 확연히 다르기 때문이다.

해발고도에 따른 차의 맛 차이

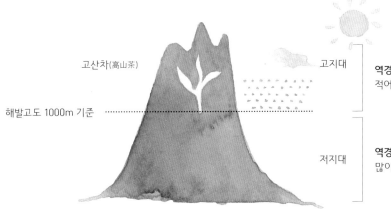

고산차(高山茶)

해발고도 1000m 기준

고지대

역경이 적다 | 2차 대사산물이 적어 비교적 떫은맛이 적고 달다.

저지대

역경이 많다 | 2차 대사산물이 많아 쓰고 비교적 떫다.

해발고도가 높을수록 기온이 한랭하여 곤충들도 적다. 따라서 역경이 적기 때문에 차의 맛은 달다.
반면 해발고도가 낮은 지역은 기온이 온화하고 일조량이 많다. 따라서 역경도 많기 때문에
2차 대사산물의 양도 많아 차의 맛이 쓰고 떫다.

상황 3. 위도와 차의 맛

위도는 일조량과 밀접한 관련이 있다. 저위도에서는 일조량이 많고 기온이 높기 때문에 차에서 수렴성과 쓰고 떫은맛의 성분이 많아 향미가 강하고 개성적이다. 반대로 고위도에서는 일조량이 적고 기온이 낮기 때문에 차에서 쓰고 떫은맛의 성분이 적어 상대적으로 단맛이 더 뚜렷하다.

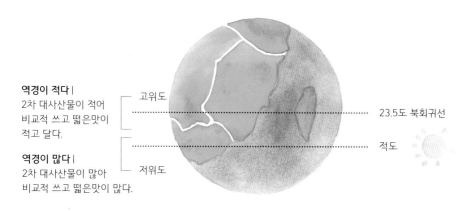

역경이 적다 |
2차 대사산물이 적어 비교적 쓰고 떫은맛이 적고 달다.

고위도

23.5도 북회귀선

적도

역경이 많다 |
2차 대사산물이 많아 비교적 쓰고 떫은맛이 많다.

저위도

테루아와 차의 향미 비교		떫은맛	쓴맛	단맛	바디감 (질감)
계절	봄차 / 겨울차	약하다	약하다	강하다	달고 감칠맛
	여름차 / 가을차	강하다	강하다	약하다	떫고 쓴맛
해발고도	고지대	약하다	약하다	강하다	달고 감칠맛
	저지대	강하다	강하다	약하다	떫고 쓴맛
위도	고위도	약하다	약하다	강하다	달고 감칠맛
	저위도	강하다	강하다	약하다	떫고 쓴맛

꿀향의 비밀

차나무는 위험에 처하였을 때 찻잎에 쓰고 떫은맛의 성분을 생성시킬 뿐만 아니라 특정 곤충의 침입에 직면하면 신진대사를 통해 사람을 매료키는 향미도 생성시킬 수 있다. 그런데 그 향미는 사람이 차를 즐길 수 있도록 위한 것이 아니다.

군침이 도는
꿀향

차나무는 역경에 처하면 자연적으로 쓰고 떫은맛의 성분을 생성시켜 곤충의 먹잇감이 되는 것에 대항한다. 그러나 차나무는 곤충에 찻잎이 물렸을 때 항상 쓰고 떫은맛을 내는 성분만 신진대사로 생성시키는 것이 아니라 곤충에 따라서 다른 성분들도 생성시킨다. 도원현(桃園縣), 신죽현(桃竹縣), 묘율현(苗栗縣)의 세 지역을 대표하는 대만 특유의 우롱차로 흔히 '동방미인(東方美人)'으로 더 잘 알려진 '백호우롱(白毫烏龍)'에서 매혹적인 꿀향이 나는 것도 바로 이 차나무가 겪는 역경과 밀접한 관련이 있다.

단오절이 지나면 대만은 온난하고 습한 기후를 보인다. 이 시기에 다원에서는 수많은 곤충들이 왕성하게 활동한다. 그중에 크기가 깨알 남짓하면서 찻잎들 사이를 뛰어다니는 곤충이 있는데, 바로 소록엽선(小綠葉蟬, *Jacobiasca formosana*)이다. 소록엽선은 따뜻하고 습한 여름과 가을의 두 계절에 왕성하게 활동하면서 새싹의 연한 엽육을 먹잇감으로 삼는다.

소록엽선은 어린잎의 엽육에서 즙을 빨아 먹고 사는데, 이때 어린잎에서는 붉은 반점이 생기고 찻잎은 표면이 불규칙하게 노랗게 변하면서 더 이상 자라지도 못하여 쭈글쭈글해진다. 찻잎의 수확량이 감소하는 일은 당연히 차농가에서는 달가워하지 않는 일이지만, 소록엽선이 즙을 빨아 먹고 생긴 작은 상처는 오히려 찻잎의 산화를 촉진하여 뜻밖에도 매력적인 꿀향을 생성시킨다. 결과적으로 차의 향미를 더욱더 고급스럽고 독특하게 만들어 전화위복을 일으킨다. 만약 소록엽선이 왕성하게 활동한 다원에 들어가 불어오는 여름 바람을 맞는 사람이 있다면 아마도 은은하게 풍겨 날리는 꿀향을 맡을 수 있을 것이다.

소록엽선의 먹잇감이 된 차나무에서는 달콤한 꿀향이 왜 풍기는 것일까? 물론 차나무가 사람들의 환심을 끌기 위해서인 것은 결코 아니다. 그 이유는 소록엽선이 찻잎의 즙을 빨아 먹으면 차나무가 찻잎 내에서 꿀향이 풍기는 2차 대사산물을 생성시켜 흰눈썹깡충거미(Evarcha albaria)를 유혹해 불러들이고, 결과적으로 소록엽선을 잡아먹도록 유도하기 위한 것이다. 소록엽선의 훌륭한 천적이면서 찻잎들 사이로 깡충거리면서 잘 뛰어다니는 흰눈썹깡충거미는 다원에 유입되면 소록엽선에 의해 차나무에 가해지는 역경도 자연히 줄어든다.

'꿀향'에 관한 또 다른 재미있는 이야기도 있다. 예전에는 차나무가 소록엽선의 천적을 유도하기 위하여 생성시키는 특수한 향이라는 사실을 사람들이 몰랐다. 그저 소록엽선의 타액에 마법과도 같은 특별한 향미를 내는 성분이 있기 때문인 것으로 알았다. 따라서 사람들은 소록엽선에 즙을 빨린 찻잎을 '저연(著涎)'이라고 불렀다. 이때 '연(涎)'은 타액을 뜻한다. 그래서 대만에서는 차농가에서 생산된 꿀향이 나는 차를 '연자차'(煙仔茶) 또는 '연자차(涎仔茶)'라고 하였다. 이것은 오해로 비롯된 것이지만, 차 이름이 아름답고 흥미로운 것만은 분명하다.

소록엽선은 연한 싹의 엽육을 좋아하여 새싹만 골라서 즙을 빨아 먹는다. 이때 즙이 빨린 새싹은 상처 부위가 붉게 변하고 점차 불규칙한 황록색으로 변한다.

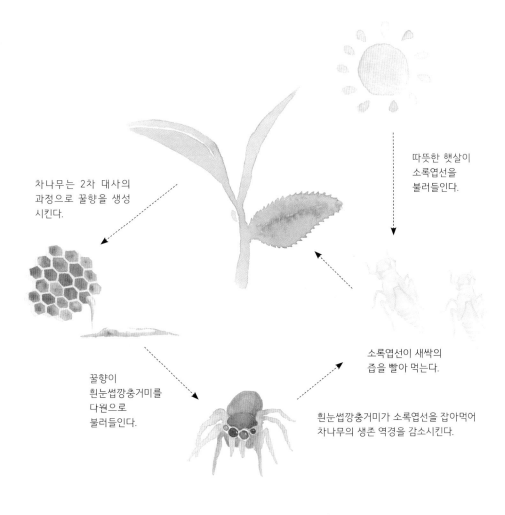

차나무는 2차 대사의
과정으로 꿀향을 생성
시킨다.

따뜻한 햇살이
소록엽선을
불러들인다.

꿀향이
흰눈썹깡충거미를
다원으로
불러들인다.

소록엽선이 새싹의
즙을 빨아 먹는다.

흰눈썹깡충거미가 소록엽선을 잡아먹어
차나무의 생존 역경을 감소시킨다.

87

The Differences
of Flavor Substance
between
Tea Bud and Leaf.

새싹과 찻잎에 든
향미 성분의 차이

모든 곤충들이 소록엽선과 마찬가지로 영리하여 연한 새싹만 골라 먹을
경우에 만약 당신이 움직일 수 없는 차나무라면 어떻게 할 것인가?

줄기의 각 마디에 든
성분들과 그 자미(滋味)

지금까지 역경에 대처하는 차나무의 대응을 알아보았다. 그렇다면 만약 다른 곤충들이 소록엽선처럼 영리하여 차나무의 새싹과 어린잎 부위만 골라서 즙을 빨아 먹는다고 할 경우에, 만약 당신이 차나무라면 어떻게 대처할 것인가?

곤충이 잘 뜯어 먹거나 즙을 빨아 먹는 부위일수록 차나무는 쓰고 떫은맛 성분의 2차 대사산물을 더 많이 생성시켜 방어를 강화한다. 그런데 곤충의 선호가 낮은 부위인 성숙하거나 노쇠한 찻잎, 즉 노엽(老葉)과 줄기에는 쓰고 떫은맛 성분을 적게 생성시키면서 과연 방어를 제대할 수 있을까? 여기서는 차나무의 방어 기질의 물질들과 각 부위의 함유비에 대하여 살펴본다.

찻잎, 새싹, 줄기 등의 다양한 부위를 대상으로 한 과학적인 연구에 따르면, 일아(一芽), 첫 번째 찻잎인 일엽(一葉), 두 번째 찻잎인 이엽(二葉), 더 나아가 줄기에서 첫째 마디, 둘째 마디에 함유된 '티 폴리페놀류', '테인', 그리고 '테아닌'의 함유비가 저마다 다르다. 그런데 이러한 함유량의 차이에서도 최근 유의미한 규칙성이 있는 것으로 밝혀졌다.

티 폴리페놀류

떫은맛을 내는 티 폴리페놀류(카테킨류 등)의 함유량이 많은 것부터 순서대로 나열하면 다음과 같다. 새싹, 일엽, 이엽, 삼엽, 노엽, 줄기의 순서이다.

테인

2차 대사산물로서 쓴맛을 내는 테인의 함유량도 티 폴리페놀류의 경우와 동일한 순서를 보인다. 즉 함유량이 많은 것부터 나열하면 새싹, 일엽, 이엽, 삼엽, 노엽, 줄기의 순서이다 특히 줄기의 테인 함유량은 극히 미량으로서 찻잎 함유량의 절반 내지 10분의 1의 수준이 것으로 최근 연구를 통해 밝혀졌다.

테아닌

신선한 단맛을 내는 테아닌이 새싹과 찻잎에 함유된 비는 티 폴리페놀류와 테인의 경우와는 매우 다른 경향을 보인다. 함유량이 많은 것부터 순서대로 나열하면, 둘째 줄기, 첫째 줄기, 셋째 줄기…다섯째 줄기에 이어 새싹, 일엽, 이엽의 순서이다. 즉 테아닌은 찻잎보다 줄기에 더 많이 함유된 것이다. 최근 연구에 따르면, 테아닌의 함유량이 첫째 줄기가 새싹보다 5배나 더 많은 것으로 나타났으며, 또한 노쇠한 줄기의 끝 부위도 새싹보다 2배 이상이나 많은 것으로 밝혀졌다.

앞으로 차 산지를 견학할 기회가 있다면 앞서 설명한 과학적인 연구의 결과를 직접 체험해 볼 수 있을 것이다. 차나무로부터 '일아삼엽(一芽三葉)'을 잘라 내서 새싹(일아), 일엽, 이엽, 삼엽, 그리고 각 줄기를 따로 떼어 내어 입에 넣고 잘근잘근 씹어 보면, 새싹이 질감이 가장 부드럽고 연하지만 쓰고 떫은 맛이 너무도 강하여 삼키기에는 가장 어렵다는 사실을 알 수 있다. 그 다음으로 쓰고 떫은맛이 강한 것은 일엽, 이엽의 순서이다. 줄기를 살짝 떼어 내어 입안에 넣고 잘근잘근 씹으면 톡 쏘는 듯한 느낌이 나면서 녹차나 우롱차와 같은 싱그러우면서도 상쾌한 맛을 느낄 수 있다.

이 밖에도 과학적인 연구 결과에 따르면, 향미 성분과 단맛과 찻물의 점도를 유발하는 당류는 찻잎의 성숙도에 따라서 증가하고, 특히 당류는 성숙된 찻잎이 어린잎에서보다 몇 배나 더 많이 함유하고 있다고 한다.

새싹과 찻잎, 더 나아가 줄기에서는 마디마다 함유된 떫은맛, 쓴맛, 단맛의 성분과 당류의 함유비가 다르기 때문에 차의 맛과 품질은 수확한 찻잎의 성숙도가 최종적으로 결정한다.

각 부위별 맛 성분의 함유비		티 폴리 페놀류	테인	테아닌	바디감 (질감)
부위	새싹	높음	높음	중간	깊고 쓰고 떫은맛 , 풍부함
	줄기	낮음	낮음	높음	약간 떫은맛 , 미약함
	찻잎	중간	중간	낮음	균형이 잡힌 쓰고 떫은맛 , 적당함 ·

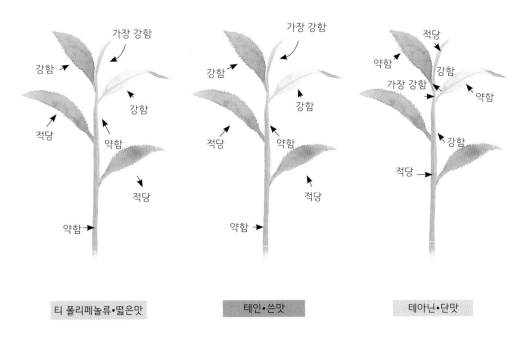

티 폴리페놀류•떫은맛   테인•쓴맛   테아닌•단맛

전 세계의 차 산지

중국은 차나무의 본고장이다. 고대부터 차를 마시는 문화는 중국에서 주변 국으로 확대되었으며, 오늘날에 이르러서 차는 이미 전 세계의 '3대 무알코올 음료'가 되었다. 청나라 시대에 영국에서 온 플랜트헌터(plant hunter)가 차나무를 중국에서 밀반출하면서 바야흐로 전 세계에서 차나무의 재배 판도가 혁명적으로 뒤바뀌었다.

차나무에 적합한 생장 조건

당나라 시대에 차 전문가인 육우(陸羽, 733~804)가 세계 최초로 차에 관한 모든 정보를 수집하여 집대성한 서적인 『다경(茶經)』에서는 차에 대한 설명을 "차나무는 남방의 귀한 나무이다(茶者, 南方嘉木也)"라는 기술로부터 시작한다. 오늘날 '다성(茶聖)'이라 추앙을 받는 육우는 차를 이해하기 위하여 먼저 차나무의 성장 환경부터 소개하기 시작하였다. 이때 『다경(茶經)』에서 기술한 '남방가목(南方嘉木)'에서 '남방(南方)'은 당나라를 기준으로 남쪽 지방으로서 오늘날 차나무의 원산지로 알려진 중국 서남부의 운남성(雲南省)과 사천성(四川省)의 지역을 일컫는다. 그렇다면 먼저 중국 서남부 지방의 자연 환경은 어떤 특징이 있는지 살펴보자.

1. 지리적 위치

중국의 서남부 지역은 북회귀선이 지나는 곳으로서 기온이 따뜻하고 비도 많이 내리는 아열대 기후대에 속한다. 아열대 기후대는 연중 기온이 0도 이상이고 연평균 강우량은 약 1800mm~3000mm이다.

2. 지형적 특징

중국의 서남부 지역에는 높은 산, 구릉지, 분지, 하천의 계곡 등 기복이 심한 지형의 산간 지대가 많다. 이러한 산간 지대에서는 운무가 오후에 많이 끼고 일교차도 심하여 서늘한 기후를 보인다.

3. 토양 조건

기온이 따뜻하고 강우량이 많은 아열대 기후대의 토양은 부식토가 많아 미네랄을 풍부히 함유하고 있다. 또한 해발고도에서 기복이 심한 산간 지대의 토양은 경사로 인하여 빗물이 잘 빠지고 통기성도 좋아서 비교적 보드랍다.

위의 환경적인 설명을 통해서 차나무에 적합한 성장 환경과 그 특징들을 대략적으로 요약해 볼 수 있다. 차나무는 햇빛을 좋아하지만 내음성도 있어 오후에 구름과 운무가 낀 서늘한 기후를 좋아한다. 그리고 차나무는 비를 좋아하지만 뿌리가 내린 토양에 물이 많으면 잘 자라지 않는다. 대신에 경사가 완만하고 배수가 잘되는 산간 지대에서는 잘 자란다. 결론적으로 따뜻하고 비가 많이 내리는 열대 및 아열대 기후대와 산간 지대가 차나무가 가장 잘 성장할 수 있는 환경인 것이다.

일반적으로 차나무는 기온이 10도~35도에서 정상적으로 자라고, 특히 18도~25도에서는 가장 빨리 성장한다. 기온이 18도보다 낮으면 차나무의 성장 속도가 느리지만 찻잎의 품질은 오히려 높아진다. 당나라와 송나라 시대부터 오늘날에 이르기까지 중국으로부터 차를 외교적인 선물로 받거나 종자를 몰래 밀반출한 서양의 국가들은 모두 차나무를 열대, 아열대 지역에서 심었다. 오늘날 전 세계의 차 산지들은 모두 기온이 온화하고 강우량이 많은 열대, 아열대 기후대에 속해 있다.

유엔식량농업기구(FAO)가 집계한 세계 각국의 차 생산량에 근거하면, 오늘날 전 세계의 차 산지를 대략적으로 지도상에 그려 볼 수 있다. 차의 종주국인 '중국'은 전 세계에서 차 생산량 1위의 대국으로서 주로 녹차를 생산하고

대만차(臺灣茶)의 이해

한국(녹차)

터키(홍차)

중국(녹차)

일본(녹차)

이란(홍차)

대만(우롱차)

아랍 및 주변국가
(홍차)

인도(홍차)

스리랑카(홍차)

인도네시아(홍차)

차 산지대

있다. 반면 '인도'와 '스리랑카(실론)'는 영국의 식민지화로 인하여 현대에 들
어서 차 생산 대국이 되었으며, 주로 홍차를 생산하고 있다. 그리고 '베트남',
'인도네시아', '태국'은 최근에 새롭게 떠오른 신흥 차 생산국들이다. 또한 아
프리카 대륙의 '케냐'와 중동과 유럽의 사이에 위치한 '터키'도 전 세계의 10
위권 차 생산국에 속한다.

저위도의 열대 기후대에 속하는 차 생산국들은 차나무의 자생에 적합한 환
경적인 특성을 고려하여 해발고도가 높은 산지나 고원에서 차나무를 많이
재배한다. 예를 들면, 인도의 다르질링 지역은 해발고도가 1000m~2100m
이다. 스리랑카의 차 산지는 해발고도 750m~2000m, 그리고 1903년에 비
로소 차나무를 재배하기 시작한 케냐는 동아프리카의 해발고도 약 2700m
의 그레이트리프트밸리(Great Rift Valley)에서 대량으로 재배하여 오늘날에
는 세계 홍차 생산량 1위의 대국이 되었다. FAO의 통계에 따르면, 차 생산
량은 중국이 1위, 인도가 2위, 케냐가 3위, 다음으로는 스리랑카의 순서이
다. 참고로 우롱차의 생산 1위국인 대만은 전 세계 20위권대이다.

TEA NOTES

플레이버 휠

우리가 차를 마실 때 드는 느낌은 찻잎에 함유된 수용성 향미 성분들이 복합적으로 작용한 것이다. 그중 떫은맛, 쓴맛, 단맛을 내는 세 성분들은 찻잎 전체 수용성 성분의 약 73%를 차지하면서 차의 향미를 주도한다.

떫은맛이 나는 티 폴리페놀류

찻잎에 함유된 전체 수용성 성분의 약 48%를 차지한다. 차를 세계에서 드문 맛과 품질의 가치를 지니도록 만드는 중요한 향미 성분이다. 2차 대사산물로 분류되는 티 폴리페놀류는 곤충이 찻잎에 손상을 가하는 역경 속에서 만들어진다. 따라서 차를 마실 때 드는 떫은맛과 감각은 역경의 세기와 강렬함에 비례한다.

쓴맛이 나는 테인

찻잎에 함유된 전체 수용성 성분 중에서 약 10%를 차지한다. 테인과 티 폴리페놀류는 모두 찻잎의 2차 대사산물에 속한다. 이러한 성분들은 차나무가 환경 속의 역경에 대응하는 과정에서 생성되는 물질이다. 즉 차나무의 방어 본능으로 생성되는 물질이다. 따라서 새싹, 찻잎, 줄기 등의 각 부위에 함유된 테인의 농도는 모두 같지 않다.

신선한 단맛이 나는 테아닌

수용성 물질의 약 15%를 차지한다. 신선하고 달콤한 맛을 가진 테아닌은 차나무에 함유된 주요 대사물질이다. 곤충으로 인한 역경이 비교적 약할 때 차의 맛을 보면 선명한 맛을 느낄 수 있다.

이 세 가지의 주요 성분이 생성되는 비율은 차나무의 품종, 계절, 해발고도, 위도, 각 줄기와 새싹과 찻잎의 위치, 그리고 곤충과 같은 역경의 영향으로 결정되며, 그 결과 차의 맛과 깊이도 달라지는 것이다.

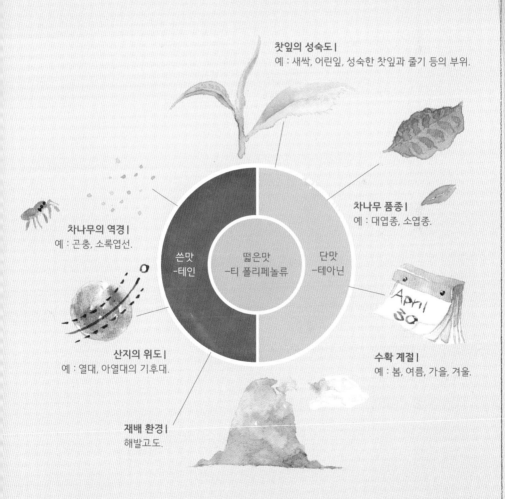

찻잎의 성숙도 l
예 : 새싹, 어린잎, 성숙한 찻잎과 줄기 등의 부위.

차나무 품종 l
예 : 대엽종, 소엽종.

차나무의 역경 l
예 : 곤충, 소록엽선.

쓴맛
-테인

떫은맛
-티 폴리페놀류

단맛
-테아닌

산지의 위도 l
예 : 열대, 아열대의 기후대.

수확 계절 l
예 : 봄, 여름, 가을, 겨울.

April 30

재배 환경 l
해발고도.

2

신선하고 달콤하면서
풍부한 맛의 차 !

차의 분류와 가공 과정

The Bright Freshness,
Mellow Sweetness and
Fragrant Richness of Tea.
Six Major Types of Tea and
Two Phases of
Tea Making Process.

비록 떫은맛, 쓴맛, 단맛이 신선한 찻잎의 기본 맛이라고 하지만, 차를 마실 때 실제로 느끼는 복잡다단하고도 미묘한 맛은 차의 가공 과정에서 보다 더 풍부해진다. 따라서 차를 만드는 사람들은 일련의 가공 과정을 통하여 찻잎의 향미 성분들을 복합적으로 산화 및 발효시켜 매력적인 색과 향, 바디감으로 발전시켜 차를 마시는 사람들을 매료시키는 것이다.

차의 가공 과정은 '모차(毛茶)'와 '정제차(精製茶)'로 크게 두 갈래로 나뉜다. 먼저 모차의 가공 과정은 보통 산지에서 진행된다. 주로 찻잎의 산화도와 건조 찻잎의 모양을 형성시킨다. 산화도에 따라서 비산화차인 녹차, 부분 산화차인 우롱차, 그리고 완전 산화차인 홍차로 나뉜다.

'정제차'의 가공 과정은 보통 브랜드 업체나 차 도매상들이 진행한다. '로스팅 정도', '가향 및 분류', 그리고 '티 블렌딩'을 세밀하게 진행하여 소비자의 기호에 맞춰 생산하는 것이다. 두 종류의 주요 가공 과정을 마치면 차의 최종 향미가 확립되고 품질도 안정되면서 소비자들에게 판매할 수 있는 '상품 차'가 비로소 탄생하는 것이다.

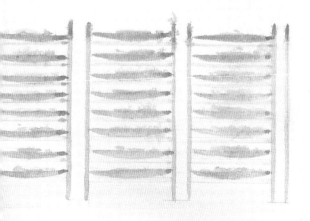

차의 분류와
가공 과정의 소개

차의 가공 과정에서 첫 단계인 '모차'의 생산에서 '찻잎의 산화도'와 '건조 찻잎의 모양'이 정해지면서 차의 분류도 결정된다. 예를 들면, 비산화차인 '녹차', 부분 산화차인 '우롱차(청차)', 완전 산화차인 '홍차'이다. 여기에 '백차', '황차', '흑차(보이차 포함)'를 포함하여 '6대 차류(茶類)'라고 한다.

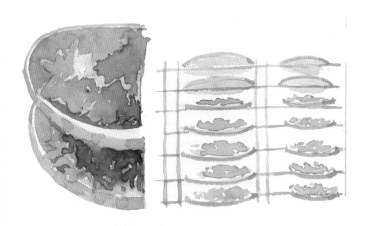

'6대 차류(茶類)'에 대하여

차를 만드는 절기가 돌아오면 차나무의 가지 끝에서 새싹들이 알맞게 싹을 틔워 자라고 있다. 산지의 사람들은 낮과 밤을 가리지 않고 차를 활기차게 생산한다. 산골짜기 곳곳에서는 찻잎을 건조시켜 차를 만드는 광경을 쉽게 볼 수 있다. 이 시기에는 햇볕에 건조된 녹차와 산화된 찻잎에서 매력적인 향기가 산들바람에 날려와 곧바로 맡을 수 있다.

차나무에서 갓 딴 찻잎으로부터는 어떤 종류의 차들을 만들 수 있을까? 동일한 찻잎으로 가공 과정을 통해 녹차(綠茶), 우롱차(烏龍茶) 또는 청차(靑茶), 홍차(紅茶)로 만들 수도 있고, 백차(白茶), 황차(黃茶), 흑차(黑茶)(보이차 포함)를 만들 수도 있다.

이 녹차, 청차, 홍차, 백차, 황차, 흑차라는 '6대 차류'의 명칭은 건조 찻잎(가공이 끝난 건조 찻잎)의 색상에 따라서 명명된 것이다. 건조 찻잎이 녹차는 녹색으로, 우롱차(청차)는 청록색으로, 흑차는 검은색으로 보이기 때문이다. 또한 주로 새싹을 따서 생산하는 백차는 새싹 뒷면에 무성하게 난 하얀 잔털로 인하여 백색으로 보이고, 황차는 가공 과정에서 경미 발효 과정인 '민황(悶黃)'으로 인해 황색으로 보이기 때문이다. 단 홍차는 건조 찻잎이 검은색임에도 홍차라고 하는 이유는 이미 흑차가 있는 데다가 우리면 짙은 홍색을 띠기 때문에 예외적으로 찻물의 색상에 따라 명명되었다. 서양에서는 원칙대로 건조 찻잎의 색상에 따라 '블랙 티(black tea)'라고 한다.

가공 과정에 따라서 최종적으로 생산되는 건조 찻잎의 색상이 달라진다. 이는 찻잎의 산화 정도를 반영하고 있는 것이다. 이러한 산화도에 따라서 당연히 찻빛이나 향기도 달라진다.

차의 종류별로 강조되는 향미와 외관상의 특색이 저마다 다르기 때문에 그 가공 과정도 서로 다르다. 그러나 일부 가공 과정들은 공통적인 명칭으로 공유되고 있는데, 그렇더라도 차의 종류에 따라서 그 세부 내용은 약간씩 정도가 다르다. 여기서는 6대 차류의 가공 과정에 대하여 간략히 소개한다.

채엽(採葉) 또는 채적(採摘)

'채엽'은 6대 차류의 가공 과정에서 가장 첫 번째 단계이다. 차나무에서 신선한 찻잎을 따면 가공 과정에 들어가는데, 이때 차의 원료가 되는 신선한 찻잎을 '차청(茶菁)'이라고 한다. 6대 차류는 각각 원료인 차청에 대한 요구가 다르다. 예를 들면, '백차'의 경우에는 어린잎에 하얀 잔털인 '백호(白毫)'를 시장에서 강하게 요구하기 때문에 차청으로 어린 새싹을 따야 한다.

'녹차'와 '홍차'를 생산하려면, '일아일엽(一芽一葉)' 또는 '일아이엽(一芽二葉)'이 필요하다. 부분적으로 산화시키는 '우롱차'를 생산하려면 우롱차 특유의 향과 단맛을 내기 위해 찻잎의 산화도를 정확하게 파악해야 한다. 그리고 차청으로는 '일아이엽', '일아삼엽', 잎이 활짝 열린 '개면엽(開面葉)'과 같이 어느 정도 성숙한 찻잎이 사용된다.

이와 같이 우롱차의 차청으로 비교적 성숙한 찻잎을 사용하는 이유는 너무 여린 찻잎은 엽육이 부드럽고 섬세하여 가공 과정에서 쉽게 훼손되고 산화 정도를 파악하기도 쉽지 않기 때문이다. 또한 일아일엽은 쓰고 떫은맛의 티폴리페놀류와 테인의 성분이 많아서 우롱차가 요구하는 단맛을 내기도 쉽지 않기 때문이다. 따라서 신선하고 감미로운 단맛을 내는 '테아닌'의 성분이 다량으로 함유된 성숙한 찻잎을 따서 가공하여 만드는 것이 우롱차의 큰 특징이다.

차의 종류에 따라 다른 채엽의 요건

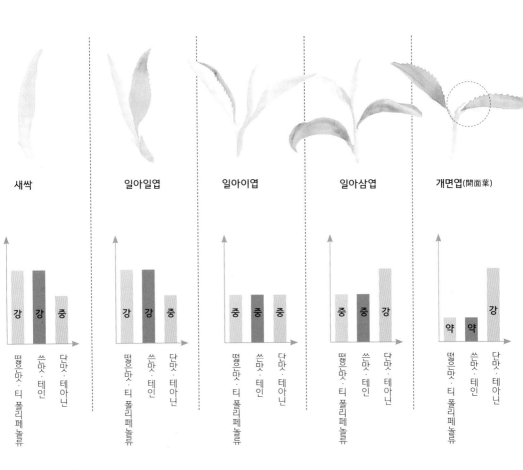

새싹   일아일엽   일아이엽   일아삼엽   개면엽(開面葉)

─── 찻잎에 관한 소소한 지식 ───

새싹이 자라면서 '주아(駐芽)'라는 작은 싹이 생기면 그 계절에는 찻잎의 성장이 끝났다는 뜻이다. 주아(駐芽)에서는 더 이상 새싹이 자라지 않기 때문이다. 따라서 차나무에서는 다음 계절이 와야 비로소 새로운 새싹과 찻잎이 자란다.

주아(駐芽)의 겉모양은 분명히 새싹과는 완전히 다르다.

위조(萎凋)

갓 수확한 찻잎은 아직은 살아 있기 때문에 뒷면의 기공을 열고 호흡 작용을 하면서 수분을 증발시킨다. 위조 과정의 목적은 갓 딴 찻잎과 줄기에 함유된 수분을 계속하여 증발시켜 시들게 하는 것이다. 이 과정의 시간이 길어지면 찻잎은 수분 함유량이 줄어들어서 원래의 선명하고 진한 녹색이 부드럽고 연한 녹색으로 바뀐다. 찻잎의 엽육이 연해지면 그 다음의 가공 과정에 들어갈 수 있다.

산화도에 굉장한 주의를 기울여야 하는 우롱차의 위조 과정에는 크게 '실외 위조'(또는 '일광 위조')와 '실내 위조'가 있다. '실내'와 '실외'는 햇빛의 노출 강도와 주위 환경의 온도가 매우 다르기 때문에 위조 과정에서 찻잎의 수분 증발 속도에도 큰 영향을 준다.

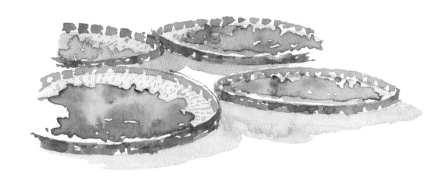

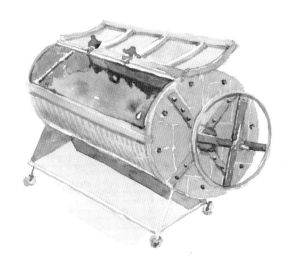

낭청(浪菁)

'낭청(浪菁)'은 우롱차에서만 볼 수 있는 독특한 가공 과정이다. 낭청은 간략히 말하면, 시들어서 연해진 찻잎을 대형 원통형 죽통에 넣고 회전시켜 마찰로 엽육의 조직에 손상을 입히는 작업이다. 이렇게 생긴 상처에서는 엽육 내세포 소기관인 액포에 들었던 '티 폴리페놀류'와 '폴리페놀 산화효소'가 배어나오면서 대기의 산소와 결합하여 산화를 비롯해 복합적인 화학 반응을 일으킨다.

그런데 낭청 과정에서 찻잎의 양, 죽통의 마찰 강도, 회전 속도, 가공 시간 등은 딱히 정해진 공식이 없다. 우롱차를 만들 때마다 찻잎이 달라 티 폴리페놀류의 함유량이 다르고, 또한 가공 당시의 일기도 다르기 때문에 모든 것은 장인들의 기술과 경험, 그리고 감각에 달려 있는 것이다.

유념(揉捻)·유절(揉切)

유념(揉捻) 과정은 차의 종류나 가공 과정의 순서에 따라 그 기능과 목적이 다르다. 예를 들면, '건조 과정'의 직전에 진행하는 유념은 찻잎의 최종적인 모양을 만드는 작업이다. 즉 찻잎을 '막대형', '구형' 등으로 만들어 차의 시각적인 특징을 형성하는 것이다. 그러나 홍차를 가공할 때 첫 단계인 유념은 엽육의 조직을 파괴하여 찻잎이 완전히 산화되도록 만드는 것이다. 이때의 목적은 우롱차의 가공에서 '낭청'과 같지만, 작업의 강도, 방법, 최종적인 산화도에서 큰 차이를 보인다.

홍차 생산국에서는 경비를 절감하고 대량으로 생산하기 위하여 찻잎을 기계로 잘게 잘라서 찢는 것이다. 이러한 과정을 통해 홍차의 산화 속도를 높여서 만든 것이 바로 'CTC 홍차'이다. 이때 'CTC'는 '자르기(Crush)', '찢기(Tear)', '휘말기(Curl)' 가공 과정의 약자이다. 오늘날의 티백용 홍차들은 거의 대부분이 CTC 방식으로 생산되고 있다. 홍차의 산화 속도를 높여 생산 시간을 줄일 수 있는 장점이 있기 때문이다.

대만차(臺灣茶)의 이해

정치(靜置)

우롱차의 '낭청' 또는 홍차의 '유념' 과정 이후에 엽육 조직이 손상된 찻잎은 '정치(靜置)' 과정을 거친다. 정치 과정은 찻잎을 일정한 장소에 놓고 방치하면서 티 폴리페놀류와 테아닌 등의 성분을 산화시키는 것이다. 이때 차에서는 맛, 향, 색의 변화가 일어난다. 따라서 차의 특성을 살리는 정치 과정은 가공 과정에서 꼭 필요하다. 정치 과정의 시간이 길어지면 엽육의 손상된 부위의 산화도가 점차 높아짐에 따라 색상이 녹색에서 붉은색으로 바뀐다.

찻잎의 산화도가 높을수록 붉은색으로 바뀌는 범위도 넓어진다. 이로 인하여 우롱차는 외관상 '녹색과 붉은색의 얼룩'을 지닌 찻잎으로 보이고, 정치 과정에서 완전 산화한 홍차는 적갈색으로 보인다. 정치 과정이 진행되는 정치실에서는 꽃향기를 비롯하여 매혹적인 산화 향들로 가득할 뿐만 아니라 차의 전체 가공 과정에서 가장 그윽한 향들을 느낄 수 있다.

살청(殺靑)

'살청(殺靑)'은 찻잎 내의 활성 물질인 '폴리페놀 산화효소'의 산화 기능을 고온으로 가열하여 중단시키는 과정이다. 단백질에 속하는 '폴리페놀 산화효소'가 100도 이상의 열을 받아 변성하여 기능을 상실하면, 찻잎에 든 티 폴리페놀류가 더 이상 산화되지 않으면서 찻잎의 산화도 중단된다. 차의 가공 과정에서 찻잎의 산화를 중단시키는 살청에는 '초청(炒靑)'과 '증청(蒸靑)'의 두 가지 방법이 있다.

먼저 '초청(炒靑)'은 뜨거운 불로 가열한 팬(솥)에서 찻잎을 덖는 작업이다. 이러한 작업은 대만에서는 흔히 볼 수 있는 광경이다. 그리고 '증청(蒸靑)'은 수증기로 찻잎을 쪄서 산화를 중단시키는 작업이다. 일본의 '센차(煎茶)'와 '맛차(抹茶)'는 '증청'의 작업을 통해 살청한다. 6대 차류 중에서 녹차, 우롱차, 흑차(보이차 포함)는 모두 찻잎의 산화를 멈추는 살청 과정이 있다. 그러나 백차는 산화 과정이 전혀 없이 만들고, 홍차는 완전 산화시켜 만들기 때문에 모두 살청 과정이 없다.

대만차(臺灣茶)의 이해

악퇴(渥堆)

'악퇴(渥堆)'는 흑차(보이차 등) 특유의 가공 과정이다. 좀더 엄밀히 말하면, 흑차(또는 보이차) 중에서도 '숙병차(熟餅茶)'의 특유한 가공 과정이다. 살청을 거친 찻잎을 산더미처럼 쌓는 악퇴 과정에서 찻잎은 '습열작용(濕熱作用)'으로 인하여 미생물 등 '비효소성'의 후발효가 일어나 차의 맛과 향, 그리고 색이 빠르게 숙성된다.

한편, 악퇴 과정을 거치지 않는 흑차(또는 보이차)도 있는데, 대표적인 것이 '생병차(生餅茶)'이다. 생병차는 사실 녹차에 해당하기 때문에 향미가 매우 신선하다. 또한 대엽종 찻잎 특유의 쓰고 떫은맛을 내는 대사산물을 풍부하게 함유하고 있어 떫은맛이 매우 강하다. 이러한 생병차는 적어도 20년 이상의 오랫동안 서서히 숙성되어야 비로소 특유의 맛과 향이 난다. 따라서 흑차(또는 보이차) 시장에서 '생병차'는 '숙병차'에 비하여 수집의 가치가 더 높다.

민황(悶黃)

'민황(悶黃)'은 6대 차류 중에서도 황차에서만 볼 수 있는 고유의 가공 과정이다. 황차의 가공 과정은 처음에는 '녹차'의 가공 과정과 동일하다. 채엽 과정에 이어 살청 과정이 진행되어 폴리페놀 산화효소의 산화 과정이 중단된다. 따라서 황차 고유의 맛과 향, 찻빛, 건조 찻잎의 색상은 오직 '민황'의 과정에서 생성되는 것이다.

살청 과정 뒤에 이어지는 민황의 과정은 고온으로 살청된 찻잎의 수분과 온도를 유지하기 위해 젖은 천으로 덮고 잔열과 습기로 후발효 또는 경미성 발효를 진행시키는 작업이다. 젖은 천으로 뒤덮인 찻잎은 산소가 부족하여 누렇게 변색되면서 맛과 향도 무르익는다.

건조(乾燥)

차는 건조 식품이기 때문에 모든 차류는 건조 과정을 반드시 거쳐야 한다. 그러면 두 제다 과정 중 하나인 모차(毛茶) 단계가 완성되는 것이다.

건조 과정을 마친 찻잎은 보통 '건조 차'라고 한다. 이것의 수분 함유량은 대략 4~5%이다. 건조 차의 수분 함량이 낮을수록 저장이 쉽고 곰팡이도 생기지 않는다. 이 밖에도 차의 향미를 유지하거나, 다음 가공 과정인 정제차의 로스팅이나 음향(窨香) 또는 배합 작업에도 도움이 된다.

6대 차류의 가공 과정

채엽
(採葉)

살청(殺青)
찻잎이 산화되지 않도록 고온의 열을 가한다.
따라서 녹차는 '비산화차'에 속한다.

유념(揉捻)
찻잎을 비비고 비틀어 모양을 만든다.

위조(萎凋)
찻잎이 점차 부드러워지면서
다음 가공 과정이 진행된다.

낭청(浪菁)
찻잎의 엽육이 손상되고
그 부위에서 산화가 시작된다.

정치(靜置)
찻잎에서 산화 반응이
본격적으로 진행되면서
차의 맛, 향, 질감을 형성한다.

위조(萎凋)
대만의 '공부홍차(功夫紅茶)'에서는 찻잎 형태의
완성도를 중요시한다. 따라서 유념 과정에 앞서
위조 과정을 통하여 찻잎을 부드럽게 만든다.

유념(揉捻)
찻잎의 엽육을 비비고
비틀면서 파괴하여 찻잎에서
산화효소가 나오게 한다.

정치(靜置)
정치 과정을 거치면서
찻잎이 적당히 산화된다.

건조(乾燥)
주로 새싹을 따서 만드는 백차는
외형이 뚜렷하기 때문에 별다른
유념 과정을 거치지 않고 곧바로
건조시킨다.

살청(殺青)
녹차와 마찬가지로 흑차의 원료 차인
차청을 채엽한 뒤 곧바로 살청한다.

유념(揉捻)
찻잎을 비비고 휘말아
엽육 조직을 파괴한다.

악퇴(渥堆)
숙병차는 악퇴의 습열작용으로
찻잎의 숙성을 재빨리 촉진시킨다.
생병차는 이 과정을 거치지 않는다.

살청(殺青)
녹차와 마찬가지로 황차도
채엽한 뒤 곧바로 살청한다.

민황(悶黃)
흑차(보이차 포함)의 '악퇴'와 마찬가지로,
민황도 찻잎을 습열작용을 통해
경미하게 발효시킨다.

건조(乾燥)

녹차(綠茶)

살청(殺青)
찻잎의 산화 과정을 중단시킨다.
이 산화도에 따라 우롱차의
특성이 결정된다.

유념(揉捻)
찻잎을 비비고
굴리면서 모양을 만든다.

건조(乾燥)

청차(青茶)/우롱차(烏龍茶)

유념(揉捻)
찻잎을 비비고
휘말아서 모양을 만든다.

건조(乾燥)

홍차(紅茶)

백차(白茶)

유압(緊壓)
찻잎을 비비고
압력을 가해 형상을 만든다.

건조(乾燥)

흑차(黑茶)/보이차(普洱茶)

유념(緊捻)
건조하기에 앞서 유념을 통해
차엽의 모양을 만든다.

건조(乾燥)

황차(黃茶)

찻잎의 산화 반응

찻잎에 함유된 주성분인 '티 폴리페놀류', '테인', '테아닌'은 차의 기본적인 맛을 형성할 뿐만 아니라 산화 과정에 기본적인 원료를 공급하여 차에 다양한 색상과 향미를 더해 준다.

산화 과정으로 탄생하는
매혹적인 향미

전 세계의 수많은 훌륭한 음식들과 술은 모두 숙성(발효)을 통해 매혹적인 맛과 향을 내는데, 차(茶)도 예외는 아니다. 따라서 차를 생산하는 장인이나 전문가들은 차의 가공 과정 전반에 걸쳐서 찻잎의 산화도(흑차나 황차의 경우에는 발효 정도)를 파악한다. 찻잎의 산화를 활성화하여 함유 성분들을 변화시켜 차에서 풍부하고도 미묘한 향미와 색상들을 창출하는 것이다.

산화와 후발효

6대 차류의 가공 과정에서 차의 향미를 생성시키는 데는 크게 두 가지의 방법이 있다. 하나는 찻잎에 함유된 '폴리페놀 산화효소'를 이용하여 함유 성분인 티 폴리페놀류를 대기 중의 산소와 결합시켜 차가 다양한 맛과 향, 그리고 색상을 띠도록 하는 '효소성 산화(酵素性酸化)'이다. 또 다른 하나는 살청 과정 뒤에 습열작용을 이용하여 발효를 촉진하는 '후발효(後發酵) 반응'이다. 예를 들면, 황차에서의 민황, 흑차(또는 보이차)인 숙병차에서 악퇴, 생병차에서 장기간 보관하여 미생물에 의해 진행시키는 후발효 등이다. 여기서는 산화효소의 작용이 없기 때문에 '비효소성 발효(非酵素性發酵)'라고도 한다.

산화

홍차, 녹차, 그리고 우롱차는 전 세계 차 소비량의 96%를 차지할 정도로 비중이 큰 차류이다. 이 세 차류의 공통점은 모두 가공 과정에서 찻잎에 함유된 산화효소를 이용하여 티 폴리페놀류를 산화시켜 독특한 향미를 생성시킨다는 점이다. 참고로 동양권에서는 이 과정을 '발효(fermentation)'라고도 하지만, 엄밀히 말하면 '산화(oxidation)' 과정이다.

따라서 전 세계에서 논의되는 찻잎의 향미 발생 작업은 '산화'를 가리키며, 이 산화는 또한 차류를 분류하는 중요한 기준이 되기도 한다. 찻잎의 산화 과정은 세 요소가 충족되어야 진행된다.

1. 찻잎 속에 함유된 산화 활성 단백질인 '폴리페놀 산화효소'.
2. 엽육의 해면조직에 분포하는 세포 소기관인 액포 속의 '티 폴리페놀류'.
3. 대기 중의 산소.

찻잎의 산화 과정에서는 산화효소가 '티 폴리페놀류'에 작용하여 우롱차질(烏龍茶質)인 '테아시넨신스(theasinensins)', 차황소(茶黃素)인 '테아플라빈(theaflavin)', 차홍소(茶紅素)인 '테아루비긴(thearubigin)' 등과 같은 다양한 성분들을 생성시키면서 차의 향미와 색상이 결정된다. 그중에서도 수많은 종류의 우롱차질은 부분 산화로 생산되는 우롱차의 주요 향미 성분이다. 그리고 '테아플라빈'은 감칠맛과 단맛을 내는데, 약간 강하게 산화시킨 차에서는 입안의 미뢰로 그 감각을 느낄 수 있다. 또 한편으로 테아플라빈은 찻빛을 투명하고 밝게 빛나게 만들기 때문에 고급 홍차의 지표 성분이다. 이는 홍차 브랜드 립톤(Lipton)이 광고에서 그토록 강조하는 '골든 링(golden ring)'을 형성하는 물질이기도 하다. 그리고 '테아루비긴'은 찻빛을 진홍색으로 띠게 하고, 자미에서 약간의 신맛과 함께 훌륭한 바디감을 안겨 주는 성분이다.

찻잎의 산화 과정은 차의 색상과 함께 향미를 형성하는 복합적인 화학 반응이다. 이 화학 반응에서는 티 폴리페놀류 외의 다른 성분들도 산화된다. 예를 들면, '테아닌', '카로티노이드' 등의 성분들이 산화되면서 찻빛의 색상을 형성하는 것이다. 이것이 우리가 일상적으로 차를 즐기면서 느끼는 감각들의 주요 성분들인 것이다.

찻잎 표면에서 붉은색 부위는 산화 반응이 일어난 곳이다. 외관상 붉은색으로 변화된 부위가 넓을수록 산화도가 높다. 사진은 아리산(阿里山)이 산지인 '고산우롱차(高山烏龍茶)'이다.

만약 채엽 조건, 차나무의 품종, 계절, 산지 등을 고려하지 않는다고 하면, 일반적으로 찻잎의 산화 과정이 길어지면 산화효소에 의한 티 폴리페놀류의 소비가 더 늘어나면서 결국 그 양이 줄어든다. 따라서 산화도가 높은 차일수록 떫은맛은 감소하고 단맛은 서서히 증가하며 색상과 향도 더욱더 선명해진다. 또한 테아닌도 산화되면 또 다른 향미의 성분들을 생성시키기 때문에 결국 산화도가 높을수록 향미도 진해지는 것이다. 단, 쓴맛의 성분인 테인은 산화 반응에 관여하지 않기 때문에 쓴맛에서는 변화가 일어나지 않는다.

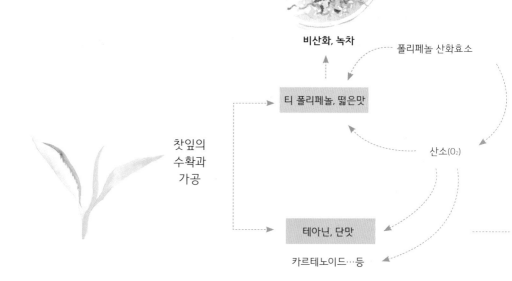

강함	불변	중간
떫은맛 · 티 폴리페놀류	쓴맛 · 테인	단맛 · 테아닌

찻잎의 산화 과정

비산화, 녹차

폴리페놀 산화효소

티 폴리페놀, 떫은맛

산소(O_2)

찻잎의
수확과
가공

테아닌, 단맛

카르테노이드···등

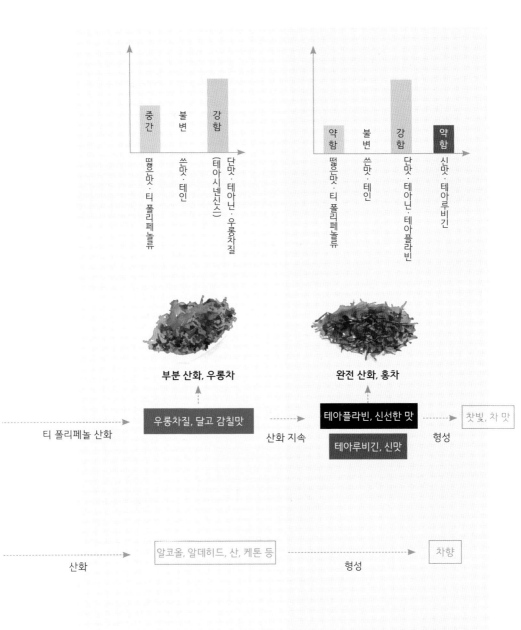

부분 산화, 우롱차

완전 산화, 홍차

중간	불변	강함
떫은맛·티 폴리페놀류	쓴맛·테인	단맛·테아닌·우롱차질 (테아시넨신스)

약함	불변	강함	약함
떫은맛·티 폴리페놀류	쓴맛·테인	단맛·테아닌·테아플라빈	신맛·테아루비긴

티 폴리페놀 산화 ·······> 우롱차질, 달고 감칠맛 ·······> 산화 지속 ·······> 테아플라빈, 신선한 맛 / 테아루비긴, 신맛 ·······> 형성 ·······> 찻빛, 차 맛

산화 ·······> 알코올, 알데히드, 산, 케톤 등 ·······> 형성 ·······> 차향

찻잎의 산화 과정에서는 티 폴리페놀류뿐만 아니라 테아닌 및 카로티노이드 등도 산화된다.
산화는 보다 더 풍부한 찻빛, 향미의 성분들을 생성시킨다. 따라서 산화도가 높을수록
그 맛과 향, 그리고 색상이 강해진다.

119

찻잎의 산화와 색·향·맛의 관계

색상의 변화

찻잎에 산화 반응이 일어나면 색상과 향미에 큰 변화가 일어난다. 찻잎 색상 부분에서는 산화도에 따라서 비산화차인 '녹차'가 부분 산화를 거치면 일부 붉은색을 띠는 '우롱차'가 된다는 사실을 알 수 있을 것이다. 그 다음에 찻잎에서 붉은색으로 변하는 부위의 면적이 넓어질수록 산화도는 더 높아진 것이다. 결국 찻잎 전체가 붉은색으로 변하면 완전 산화된 홍차인 것이다. 차를 물에 우렸을 때의 찻빛은 녹차의 밝은 황록색, 연황색, 황등색에서부터 우롱차의 주황색, 홍차의 진홍색으로까지 다양한 색상을 보인다. 결국 산화도가 높을수록 찻빛도 붉게 진해지는 것이다.

비산화, 녹차

약한 산화, 우롱차

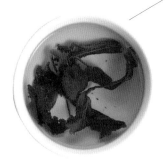

중간 산화, 우롱차

찻잎에 붉은색으로 변한 면적이 클수록 찻잎의 산화도가 높은 것이다. 차를 우렸을 때 찻빛도 마찬가지이다. 비산화차인 녹차의 황록색에서 시작하여 부분 산화차인 우롱차에서는 황색, 황등색, 등색, 주황색을 보이다가 완전 산화차인 홍차에서는 연홍색, 진홍색으로 변한다.

강한 산화, 우롱차   매우 강한 산화, 우롱차   완전 산화, 홍차

향기의 변화

비산화차인 녹차류는 찻잎에서 처음에 신선한 향기인 '초본향(green)'이 난다. 그 뒤 부분 산화 작용으로 변화가 일어난 우롱차류에서는 맑은 꽃향이 나거나 숙성된 꽃향이 나는 '꽃향(floral)'과 청과류 및 농익은 과일류의 향기인 '과실향(fruity)'이 난다. 마지막으로 완전 산화된 홍차류에서는 '산화향'과 함께 '향신료향(Spices)'이 진하게 풍긴다.

차 맛의 변화

티 폴리페놀류의 산화 반응이 지속되면서 일련의 화학 작용이 일어나 차의 기본 맛인 떫은맛, 쓴맛, 단맛도 점차 증가하거나 감소한다. 또한 신맛도 찻잎의 산화 반응이 강하게 진행되면 점차 그 맛이 뚜렷해진다. 여기서는 산화 반응과 '떫은맛', '쓴맛', '단맛', '신맛'의 관계를 살펴본다.

● 떫은맛

찻잎에서 산화 반응이 지속되면 티 폴리페놀류의 함유량이 점차 줄어든다. 따라서 산화도가 높을수록 차에서 떫은맛이 적게 난다. 이렇듯 산화도와 떫은맛은 반비례 관계인 것이다.

● 쓴맛

쓴맛의 성분인 '테인'은 찻잎에서도 가장 안정한 물질로서 산화 반응에 관여하지 않는다. 따라서 찻잎의 산화 과정에서 쓴맛은 증가하거나 감소하지 않는다. 본래 테인의 함유량은 차나무의 성장 환경, 대엽종이나 소엽종의 품종 등과 관련이 있다.

● 단맛

'테아닌'과 '당류'는 모두 차에서 신선한 맛과 단맛을 내는 성분들이다. 그런데 찻잎의 가공 과정에서 티 폴리페놀류를 더욱더 산화시키면 감미롭고 신선한 맛을 지닌 '우롱차질(烏龍茶質)'과 '테아플라빈', 그리고 더 많은 가용성 당류들이 생성된다. 이러한 성분들은 차의 단맛을 훨씬 더 보강해 주는 감미성 물질이다.

● 신맛

테아루비긴은 산화도가 약간 높은 차를 만들 때 생기는 차홍소로서 신맛을 내는 고분자화합물이다. 적당한 신맛은 차에 경쾌하고 발랄한 맛을 더해 줄 수 있다.

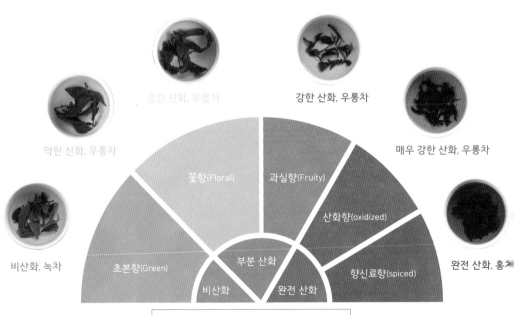

찻잎의 산화도와 향의 스펙트럼

모차(毛茶)와
정제차(精製茶)

차는 '모차(毛茶)'와 '정제차(精製茶)'의 두 과정을 거친 뒤에야 비로소 상품 차로 완성된다. '모차'는 산지에서 생산하면서 차의 '산화도'를 정한다. 그리고 '정제차'는 가공 업체가 홍배(로스팅) 정도 등으로 정밀하게 제조하는 것이다.

정제 작업으로 창조되는 차의 향미

커피 원두는 '생두'와 '정제두'의 두 단계의 가공 과정을 거쳐야 비로소 향긋한 커피가 될 수 있다. 커피 원두의 경우와 마찬가지로 찻잎도 '모차'와 '정제차'의 두 과정을 거쳐야 비로소 소비자들이 찻집에서 맛볼 수 있는 상품 차가 되는 것이다.

'모차 단계'는 바로 6대 차류에서 소개한 모든 차류의 완전한 가공 과정이다. 모차는 산지에서 사용한 찻잎의 종류, 산화도, 건조 차의 모양(구형, 막대형 등), 향미와 품질에 대한 기본적인 형질을 결정한다.

'정제 단계'는 산지에서 진행할 필요가 없다. 대신에 주로 찻집, 차 도매상, 브랜드 업체들이 진행한다. 즉 산지에서 모차를 구입한 뒤 찻집, 도매상, 브랜드 업체에서 자체적으로 로스팅, 음향, 티 블렌딩 등의 정제 작업을 통하여 품질을 안정시키고 자체 브랜드의 독창성을 창조하는 것이다. 이는 커피 산업계에서도 마찬가지이다. 여기서는 정제차의 가공 과정과 주요 공정에 대하여 소개한다.

모차의 분류

구입한 모차를 체로 선별하여 등급을 구분하거나 산지, 생산 시기, 품종, 유형, 향미의 특징에 따라서 분류한 뒤 저장한다.

이물질 골라 내기

손으로 직접 딴 찻잎이든지, 기계로 딴 찻잎이든지 간에 차의 품질에 영향을 줄 수 있는 노엽, 줄기, 그 밖의 이물질을 인내심을 갖고 하나씩 손으로 골라 내야 한다.

홍배(烘焙)/로스팅(Roasting)

'홍배(烘焙)'라고도 하는 '로스팅(Roasting)'은 상품 고유의 특성을 만드는 중요한 가공 과정이다. 1970년부터 1990년까지 대만의 경제가 급속히 성장하던 시대에는 몇몇 찻집을 중심으로 차를 독특하게 가공해 마시는 방식이 유행하였다. 특히 당시 유명 찻집에서는 '홍배' 또는 '로스팅'이라는 독특한 기술로 차의 향미에 차별성을 두어 수많은 손님들을 끌기도 하였다.

물론 일본의 녹차 중에서 호우지차(焙じ茶)도 그러한 유형이지만, 부분 산화로 만드는 우롱차도 로스팅의 세기에 따라 발전하는 향미의 깊이를 면밀히 연구해 차의 향미에 독특성을 안겨 주고 있다.

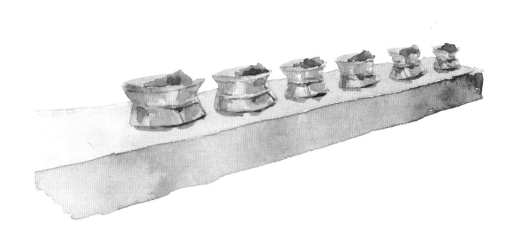

음향(窨香)/가향(加香)

'음(窨)'은 동사로서는 '소장하다', 명사로서는 '지하실'이라는 뜻이다. 그런데 차 분야에서는 '향 냄새'를 뜻하는 '훈(薰)'(영어로는 Scenting)과 동일하다. 음 향(窨香)의 기술은 주위 환경의 냄새를 흡수하기 쉬운 건조 차의 특성에서 파생된 정제 기술이다. 그러한 기술을 사용한 대표적인 차가 가향 차로 유명한 '재스민 차'이다. 이 재스민 차는 오늘날에 세계적으로 유명해지면서 영국에서도 그 가향 차를 모방하여 만들었는데, 이것이 바로 세계적으로 유명한 가향 홍차인 '얼 그레이(Earl Grey)'이다.

대만이나 중국에서는 사람들이 찻잎에 꽃이나 과일 등 자연스러운 향을 가해 차를 마시는 분위기나 재미를 조성한다. 그러나 찻잎에 천연 꽃향을 가하여 흥미를 더해 줄지라도 흔히 '차 맛은 7, 꽃향은 3'이라고 하듯이, 기본적인 향미는 어디까지나 꽃이 아니라 차에 중점을 두고 있다.

대만차(臺灣茶)의 이해

병배(拼配)/블렌딩(Blending)

차나무의 품종, 계절, 생산지, 심지어 차의 가공 과정까지 이러한 다양한 요인들이 최종 상품 차의 향미와 품질에 영향을 주기 때문에 그 최종 특성의 변화는 매우 다양하다. 소비자들은 그러한 깊고 다양한 변화를 음미하면서 즐거움을 느낄 수 있지만, 향미와 품질의 안정성을 기하여 기성 상품을 만들려는 도매상인들과 브랜드 업체의 입장에서 큰 고민거리가 아닐 수 없다. 즉 차의 맛과 향, 그리고 품질에 영향을 주는 요인들이 너무도 많아서 차 도매상들과 브랜드 업체에서는 고른 품질의 상품들을 대량으로 생산하기 위하여 '병배(拼配)' 또는 '블렌딩(blending)'이라는 기술들을 개발하였다.

서로 다른 찻잎들을 병배 또는 블렌딩하면 최종 상품 차의 품질이 들쑥날쑥 변동하는 것을 줄일 수 있다. 또한 세계적으로 유명한 티 브랜드 업체에서는 이 병배 또는 블렌딩의 기술을 통하여 맛과 향에서 특수성과 차별성을 새롭 창조하여 자신만의 식별도를 지닌 '블렌디드 티(blended tea)'도 출시하고 있다. 즉 수확기, 산지, 품종, 정제 방법 등이 각기 다른 찻잎을 블렌딩하여 새로운 차를 창조하는 것이다. 오늘날의 대형 브랜드 업체에서는 이러한 배합이나 블렌딩의 기술을 사용하여 향미와 품질이 독특하면서도 균일한 브랜드의 차를 대량으로 생산하여 전 세계로 공급하고 있는 것이다..

129

찻잎의 홍배(로스팅)

찻잎을 적당히 홍배하면(이하 로스팅) 건조 차의 수분 함량을 줄이면서 결과
적으로 차를 더 잘 보관할 수 있다. 로스팅을 약간 더 강하게 진행하면 쌀,
설탕 등과 같이 독특한 향미를 낼 수도 있다. 6대 차류 중에서도 로스팅이
가장 중요시되는 것이 바로 '우롱차'이다.

홍배(로스팅)에 관한 기초 지식

6대 차류 중에서도 우롱차는 특히 로스팅을 중요시한다. 로스팅은 '모차'의 향미를 다듬는 일 외에도 감미로운 후운(喉韻)을 생성시켜 차를 마시는 느낌을 한껏 더 향상시킬 수 있다. 후운은 향미의 테이스팅에서 사용하는 전문 용어로는 '뒷맛(aftertaste)'이다. 찻물이 목으로 넘어간 뒤 입안에 감도는 미각의 느낌이다. 로스팅의 강도와 산화도의 두 가지 측면에서 우롱차의 향미는 다른 차류에 비하여 변화도가 그 폭이 훨씬 더 넓다. 대만에서는 사람들이 고품질의 우롱차를 만들어서 즐겨 마시는데, 그러한 풍토 속에서 산지 고유의 특산차들이 매우 다양하게 발전하고 있다.

차의 로스팅은 커피의 경우와 마찬가지로 로스팅 온도와 시간의 관계에 대하여 많이 연구되고 있다. 그러나 커피 원두에 비하여 찻잎에 가할 수 있는 로스팅의 온도는 상대적으로 낮고, 로스팅 시간은 비교적 길며, 또한 로스팅의 횟수도 제한이 없다. 찻잎에 적용하는 로스팅의 온도는 약 70~110도이다. 온도가 120도에 이르거나 초과하면 찻잎이 빠르게 변하면서 변질된다. 그리고 로스팅 시간은 몇 시간이 될 수도 있고, 로스팅 횟수도 여러 차례에 걸쳐 반복할 수 있는 것이다. 매우 강한 향미를 간직한 우롱차인 철관음(鐵觀音)은 그러한 로스팅과 식히는 작업을 반복한 결과물인 것이다. 반대로 로스팅의 온도가 낮고 시간이 짧으면 볶는 정도가 약하기 때문에 차의 색상과 향미는 모차와 비슷하다.

매우 고온으로 로스팅하면 찻잎에서 '메일라드 반응(Maillard reaction)'과 '캐러멜화(caramelization)'의 두 화학 반응이 일어나면서 차의 맛과 향도 크게 변화한다. 먼저 메일라드 반응은 로스팅 중 고온으로 인해 찻잎의 유리 아미노산(테아닌)과 단백질이 새로운 향미와 멜라닌의 성분들을 형성하는 과정이다. 한편, '캐러멜화' 반응은 찻잎의 당이 고온으로 인해 맛과 향이 변하고 황갈색의 물질로 변화하는 과정이다.

찻잎 로스팅의 과정

고온 로스팅

테아닌, 단백질

당류

로스팅을 통해서 차의 향미를 변화시키는 주요 물질은 테아닌, 단백질, 탄수화물이다. 테인과 티 폴리페놀류는 크게 관련되지 않는다. 그러나 일부 연구에 따르면, 로스팅 과정에서 테인이 휘발하면서 찻잎 외부에 바늘 모양의 고형 물질이 형성되며, 로스팅이 강해지면 이 물질들이 다시 중합되면서 최종적으로는 침출되는 테인 성분이 증가하는 것으로 나타났다. 결국 단맛의 테아닌, 당류, 테인은 모두 로스팅 과정에서 변화하는 것이다. 이로 인하여 우롱차는 단맛이 더 강해지고 쓴맛도 약간 상승하면서 '회감(回甘)'이라는 후운(後韻)이 더 강해지는 것이다.

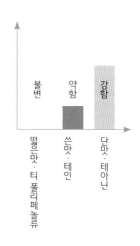

불변

약함

강함

떫은맛 · 티 폴리페놀류

쓴맛 · 테인

단맛 · 테아닌

메일라드 반응

형성

차의 색 · 향 · 맛

캐러멜화 반응

찻잎을 로스팅하면 새로운 향미가 생긴다. 이는 비가역적인 현상이다. 즉 로스팅의 세기가 강해짐에 따라 차 고유의 맛과 향이 변화하기 시작하며, 이러한 현상은 결코 원상으로 돌아가지 않는 것이다. 로스팅 과정에서 고온의 열이 찻잎에 함유된 단백질, 테아닌, 당류의 맛과 향, 그리고 색상에 비가역적인 변화를 일으키기 때문이다.

133

찻잎의 로스팅과 우롱차의
색, 향, 맛의 관계

우롱차의 로스팅은 그 세기에 따라서 '라이트(light)', '미들(middle)', '헤비 (heavy)'의 세 종류로 나눌 수 있다. 일부 사람들은 이에 대해 각각 '생차(生 茶)', '반생숙차(半生熟茶)', '숙차(熟茶)'라고도 한다.

약한 홍배/생차/라이트 로스팅

라이트 로스팅의 주요 목적은 건조 차의 수분 함량을 다시 줄여 보관하기에 편리하고 품질도 쉽게 변질되지 않도록 하기 위함이다. 아주 살짝 볶으면 우 롱차가 '초본향', '꽃향', '과실향'이 나는 '생차(生茶)'이지만, '모차' 본래의 색 과 향을 유지할 수 있다. 살짝 로스팅하여 갓 꺼낸 우롱차에서는 팝콘과 같 은 '견과류(Nutty)'의 향미를 여전히 느낄 수 있다. 따라서 약하게 로스팅한 우롱차에서는 비교적 신선한 맛을 느낄 수 있다. 대만의 특산차 중에서도 고 산 지대의 산지에서 생산된 '고산우롱차(高山烏龍茶)', 북부 산지의 '문산포종 차(文山包種茶)', 도죽묘(桃竹苗) 차구의 '백호우롱(白毫烏龍)'(동방미인)은 모두 '생차'의 범주에 속하는 우롱차들이다.

중간 홍배/반생숙차/미들 로스팅

중간 정도로 로스팅한 '반생숙차(半生熟茶)'는 고온의 로스팅 작용으로 인해 '모차'의 향미가 약간 변화하였다. 이때 찻빛은 밝은 노란색과 밝은 갈색을 띤다. 후각으로는 가루차, 토스트, 군밤과 같은 '견과류(Nutty)'와 '달콤한 설 탕류(Sweet Sugary)'의 향미를 분명하게 느낄 수 있다.

반생숙차의 향에서는 희미하지만 '불의 풍미'도 느낄 수 있다. 찻물을 넘기면 후두개에서 모차의 신선하고 생기 있는 느낌이 여운을 남긴다. 이러한 '청춘 감'과 순정하고 온화한 느낌이 중간 정도로 로스팅한 우롱차에서 나는 것이 다. 남투현(南投縣) 녹곡향(鹿谷鄉)이 산지인 대만 특산차인 '동정우롱(凍頂烏龍)'도 이러한 반생숙차에 속한다.

강한 홍배/숙차/헤비 로스팅

헤비 로스팅의 '숙차(熟茶)'는 '모차' 본래의 맛과 향을 완전히 바꾸어 놓은 우롱차이다. 커피의 로스팅에서 마찬가지로 로스팅의 세기가 강할수록 색상 이 어두워지는 반면 향은 더욱더 강해진다. 숙차에서는 밀크초콜릿이나 다 크초콜릿과 같은 '초콜릿향'이 나면서 로스팅의 깊은 풍미를 느낄 수 있다. 때때로 매실나무의 덜 익은 열매를 훈연한 오매(烏梅)의 냄새와 같이 시큼하 고 달콤한 향미도 느낄 수 있다. 북부 차구의 '목책철관음(木柵鐵觀音)'과 '석 문철관음(石門鐵觀音)'은 숙차에 속하는 대만 특산차이다.

우린 찻잎과 찻빛의 대비

라이트 로스팅
우롱차/생차

미들 로스팅
우롱차/반생숙차

찻잎의 로스팅 정도는 찻잎의 갈변
도를 통하여 눈으로 확인할 수 있
다. 로스팅의 세기가 강할수록 찻
빛이 더 진하게 나타난다. 그것은
'생차'에서 황금색이었던 것이 '반
생숙차'에서는 황갈색으로, 마침내
'숙차'에서는 진갈색을 보인다.

미들 로스팅
우롱차/반생숙차

헤비 로스팅
우롱차/숙차

우롱차의 로스팅 정도와 향의 스펙트럼

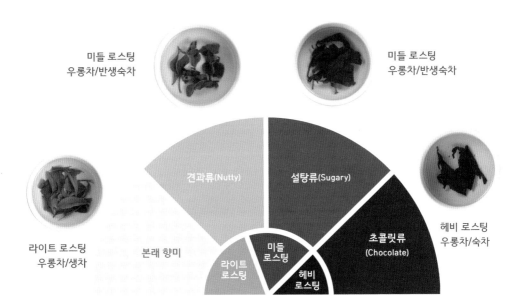

미들 로스팅
우롱차/반생숙차

미들 로스팅
우롱차/반생숙차

라이트 로스팅
우롱차/생차

본래 향미

견과류(Nutty)

설탕류(Sugary)

초콜릿류
(Chocolate)

라이트
로스팅

미들
로스팅

헤비
로스팅

헤비 로스팅
우롱차/숙차

TEA NOTES

플레이버 휠

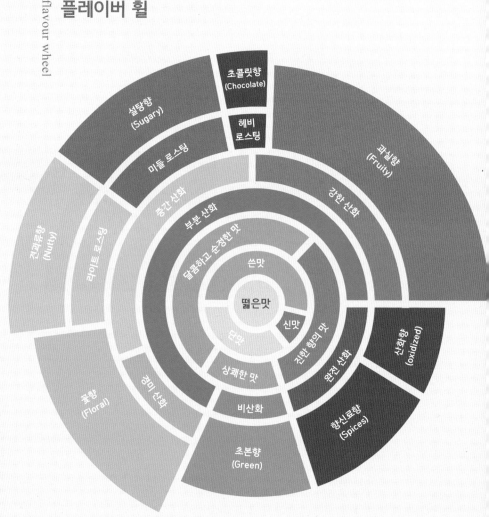

초콜릿향
(Chocolate)

헤비
로스팅

설탕향
(Sugary)

미들 로스팅

중간 산화

부분 산화

달콤하고 순정한 맛

쓴맛

떫은맛

단맛

신맛

상쾌한 맛

비산화

초본향
(Green)

꽃향
(Floral)

감미 산화

진한 향의 맛

완전 산화

향신료향
(Spices)

산화향
(oxidized)

강한 산화

과실향
(Fruity)

견과류향
(Nutty)

라이트 로스팅

차는 가공 과정을 통해서 본래 찻잎에 함유된 성분들을 더욱더 풍부한 향미와 찻빛의 성분으로 바꿀 수 있다. 찻잎이 산화하는 과정에서 그 속에 든 티 폴리페놀류의 떫은 성분들이 달콤한 우롱차질, 싱그럽고 상쾌한 테아플라빈, 신맛의 테아루비긴의 성분으로 변화하면서 차의 색상과 향미 성분들이 새롭게 형성된다.

그러나 향미를 느낄 때 찻물에서 미뢰를 통해 느끼는 감각은 단편적인 것이 아니라 복합적인 것이다. 예를 들면, 신선한 단맛의 테아닌은 테인으로 인한 쓴맛을 완화하고, 그 테인과 티 폴리페놀류의 공존은 찻물에 깔끔한 느낌을 갖게 한다. 따라서 찻잎 본래의 떫은맛에 상쾌한 단맛과 약간의 쓴맛이 더해지면서 녹차를 마실 때 독특한 신선함을 느끼는 것이다.

또한 미묘하면서도 약한 떫은맛에 단맛이 더해지고, 감칠맛에 쓴맛과 신맛이 더해지면서 홍차에서는 풍부한 향미와 바디감을 느낄 수 있는 것이다.

향기적인 측면에서 신선한 느낌의 녹차에서는 풀, 채소, 해초와 같은 '초본향'을 느낄 수 있다. 한편, 부분 산화를 통해 '단맛'이 나는 우롱차는 '꽃향', '달콤한 설탕향', 그리고 '과실향'의 범주가 있다. 완전 산화로 맛과 향, 그리고 바디감이 풍부한 홍차에서는 '과실향', '산화향', '향신료향'을 느낄 수 있다. 또한 로스팅이 중요시되는 우롱차에서는 로스팅의 세기에 따라서 '견과류향', '달콤한 설탕향', '초콜릿향'의 세 향을 느낄 수 있다.

대만 우롱차의 향기

대만의 독특한 우롱차

The Stories
of Taiwan Tea
and Its Aroma

오늘날 대만의 거의 모든 행정구역에는 다원이 있고, 그 다원에서는 차나무를 재배하여 차를 생산하는 모습을 볼 수 있다. 또한 차를 마시는 일은 물론이고 차를 즐기는 생활은 일상적인 일이 되었다. 환경 지리적인 측면에서 볼 때 대만은 차나무를 재배하는 데 유리한 풍토를 지니고 있다. 대만은 네덜란드 점령기를 제외한 200년 내지 300년의 근대사를 살펴보면, 정씨(鄭氏) 왕국에서 청나라 초기까지 대만의 대외 무역은 주로 사슴가죽, 장뇌, 사탕수수로 물건들을 교환하는 시대였다. 그러나 중국 본토에서 한족이 점차 들어오면서 음식 문화가 유입되었다. 서양인들과 일본인들도 점령기를 통하여 영향을 주면서 차는 대만 근대 역사의 발전에 큰 기여를 하였고, 특히 경제적으로는 외환을 벌기 위한 대외 무역의 주요 산물이었다.

한편, 대만은 전 세계에서 중국을 제외하고 산화도가 다른 3종류의 차를 동시에 생산할 수 있는 몇 안 되는 국가에 속한다. 부분 산화차인 우롱차를 좋아하는 대만 사람들이 대체 왜 비산화차인 녹차와 완전 산화차인 홍차를 생산하는 것일까? 대만 각지의 명산에서 산출되는 차를 자세히 살펴보면, 한 잔의 찻잔에 든 찻물의 색과 향에는 차나무, 테루아, 장인 정신의 완벽한 기교가 들어 있고, 차의 맛에는 대만의 역사 발전과 그 궤적, 각 고장의 인문지리적인 생활양식, 섬 내의 다양한 민족들의 문화가 깊이 용융되어 있다는 사실을 발견할 수 있다.

대만 특산차의 분포도

대북(台北)—
남항포종차(南港包種茶)
해산용정차(海山龍井茶)

신죽(新竹)—
육복차(六福茶)
장안차(長安茶)
동방미인차(東方美人茶)

대중(台中)—
이산차(梨山茶)
복수산차(福壽山茶)

묘율(苗栗)—
묘율우롱차(苗栗烏龍茶)
묘율병풍차(苗栗椪風茶)

남투(南投)—
송백장청차(松柏長靑茶)
죽산우롱차(竹山烏龍茶)
죽산금훤(竹山金萱)

운림(雲林)—
운정차(雲頂茶)

가의고산차(嘉義高山茶)—
아리산고산차(阿里山高山茶)
아리산주로차(阿里山珠露茶)
매산우롱차(梅山烏龍茶)
서리우롱차(瑞里烏龍茶)
죽기고산차(竹崎高山茶)
석정고산차(石槇高山茶)

도원(桃園)—
대계무령차(大溪武嶺茶)
노봉우롱차(蘆峰烏龍茶)
용담용천차(龍潭龍泉茶)
양해수재차(楊梅秀才茶)

고웅(高雄)—
대귀차(大龜茶)

대동(台東)—
복록차(福鹿茶)

석문철관음(石門鐵觀)
문산포종차(文山包種茶)
목책철관음(木柵鐵觀音)
삼협벽라춘(三峽碧螺春)
동방미인차(東方美人茶)
고산우롱(高山烏龍)/
고산금훤(高山金萱)
홍옥홍차(紅玉紅茶)/
아삼홍차(阿薩姆紅茶)
사계춘우롱(四季春烏龍)
동정우롱(凍頂烏龍)
화련밀향홍차
(花蓮蜜香紅茶)
고산우롱(高山烏龍)
고산금훤(高山金萱)
대동홍우롱(台東紅烏龍)
병동항구차(屛東港口茶)

남투 고산차(南投高山茶)—
대우령차(大禹嶺茶)
삼림계우롱차(杉林溪烏龍茶)
옥산우롱차(玉山烏龍茶)
무사노산우롱차(霧社蘆山烏龍茶)

의란 난양명차(宜蘭 蘭陽名茶)—
동산소형차(冬山素馨茶)
초계오봉차(礁溪五峰茶)
대동옥란차(台冬玉蘭茶)
삼성상장차(三星上將茶)

화련(花蓮)—
학강홍차(鶴岡紅茶)
천학차(天鶴茶)

대만 차 생산량의 순위도

대만 행정원농업위원회 농업식품청의 2017년도 통계에 따르면, 대만의 다원 면적은 1만 1765ha, 연간 차 생산량은 1만 3443톤인 것으로 나타났다. 그중 '남투현(南投縣)'과 '가의현(嘉義縣)'이 생산량이 가장 많은데, 이는 대만 연간 총 생산량의 약 78% 이상을 차지한다.

No.4 대대북(大台北)

No.3 도원(桃園)

No.5 신죽(新竹)

No.11 의란(宜蘭)

No.6 묘율(苗栗)

No.8 대중(台中)

No.14 창화(彰化)

No.1 남투(南投)

No.12 화련(花蓮)

No.7 운림(雲林)

No.2 가의(嘉義)

No.9 고웅(高雄)

No.10 대동(台東)

No.13 병동(屏東)

순위	산지	2017 년도 총생산량 / 톤
1	남투 (南投)	8,612
2	가의 (嘉義)	1,922
3	도원 (桃園)	475
4	대북 (台北)	437
5	신죽 (新竹)	424

삼협벽라춘(三峽碧螺春)
Sanxia Bi Luo Chun

● 품종 | 청심감자(青心柑仔)

● 생산 시기 | 봄, 겨울

● 산지 | 신북삼협차구(新北三峽茶區)

● 채엽 부위 | 새싹, 일아일엽, 일아이엽

● 제조법의 특징 | 조형(條形)/비산화 녹차류

* 조형(條形) : 찻잎의 모양이 기다랗고 꼬불꼬불한 형태.

'삼협벽라춘(三峽碧螺春)'은 '청심감자(青心柑仔)' 품종에서 부드러운 찻잎을 따서 덖은 뒤에 비벼 만든 비산화 녹차이다. 신북 지역의 삼협차구를 대표하는 지방 특산차이자 대만 유일의 녹차이다. 찻잎은 청록색을 띠고 백호가 있으며, 모양은 기다랗고 꼬불꼬불한 조형(條形)이다.

삼협차구에서만 볼 수 있는 품종의 차나무인 '청심감자(青心柑仔)'가 언제, 어디에서 처음으로 심겼는지는 정확히 알려지지 않았다. 그러나 제2차 아편전쟁 이후 청나라는 무역항으로 광동성(廣東省) 양춘시(阳春市)의 '담수진(潭水镇)'을 개항하고, 외국계 기업들의 진출을 허락하였다. 그리고 담수강 하구에서 상류인 삼협차구의 산비탈에까지 수많은 차나무들을 심었다. 삼협차구에 차 생산의 역사가 시작된 것이다. 당시 영국인 사업가인 존 도드(John Dodd)는 '보순양행(寶順洋行)'을 설립하고, 대만산 우롱차를 '포머서 우롱(Formosa Oolong)'이라는 브랜드로 해외에 판매하였다.

대만은 일제 시대에 홍차를 생산하여 수출하였는데, 그 당시부터 삼협차구에서도 홍차를 생산한 것이다. 그 뒤 1945년 대만이 광복한 뒤 중국 중부와 북부에서 군인들과 민간인들이 건너왔는데, 그들은 홍차가 아니라 녹차를 마시는 데 익숙하였다. 따라서 삼협차구에서는 이때부터 덖은 녹차와 약간의 포종차를 생산하였다. 당초 삼협차구에서 생산되던 녹차의 이름은 '해산녹차(海山綠茶)'였는데, 이는 일제 시대에 삼협, 앵가(鶯歌), 수림(樹林), 판교(板橋), 토성(土城) 일대를 '해산군(海山郡)'으로 통칭하였기 때문이다. 그 뒤 삼협에서 생산된 녹차는 향기가 깊고 고소하며, 맛도 시원하고 감미로워 사람들을 놀라게 했다는 중국 고전의 녹차, '벽라춘'을 연상시킨다고 하여, '삼협벽라춘(三峽碧螺春)'이라는 이름이 붙었다.

찻빛이 담백하고 투명한 녹차인 '삼협벽라춘'은 주로 봄과 겨울에 찻잎을 딴 뒤 덖어서 만든다. 신선한 단맛이 풍부할 뿐만 아니라 '티 폴리페놀류'와 '테인'의 함유량이 적당하여 독특한 싱그러움을 안겨 준다. 녹두의 향이 두드러지는 '초본향'과 해초, 목초, 사탕수수와 같은 향기도 강하다.

문산포종(文山包種)
Wenshan Pou Chong Tea

● 품종 ┃ 청심우롱(青心烏龍)

● 생산 시기 ┃ 봄, 겨울

● 산지 ┃ 평림(坪林), 석정(石碇), 목책(木柵), 심갱(深坑), 남항(南港) 등의 차구

● 채엽 부위 ┃ 성숙한 노엽, 일아이엽, 삼엽, 개면엽

● 제조법의 특징 ┃ 조형(條形)/약산화 우롱차/라이트 로스팅 차(생차)

'문산포종차(文山包種茶)'는 '청심우롱(青心烏龍)'의 품종에서 딴 찻잎을 원료
로 하여 약하게 산화시킨 꽃향형 우롱차로서 신북시(新北市)의 문산차구(文
山茶區)를 대표하는 특산차이다. 건조 차는 기다랗고 꼬불꼬불한 조형으로서
짙은 에메랄드의 녹색을 띤다.

문산차구(文山茶區)는 대북시(台北市)와 신북시(新北市)의 여러 차구들을 포함
하고 있다. 대북시의 목책(木柵)과 남항(南港)을 비롯하여 신북시의 신점(新
店), 평림(坪林), 심갱(深坑), 석정(石碇), 석지(汐止) 등 차구의 범위가 매우 넓다.
오늘날에는 평림 차구에서 생산되는 '문산포종차'가 가장 유명하다.

'북포종(北包種), 남동정(南凍頂)'은 1960년, 1970년대 대만의 '일생일숙(一生一

熟), 일북일남(一北一南)'의 우롱차를 대표한다. '북포종(北包種)'은 평림 차구에서 생산된 향긋한 꽃향을 지닌 '청향형(清香型)' 포종차를 가리킨다. 남동정(南凍頂)은 남투현 동정산 차구에서 로스팅을 가해 생산하는 '숙향형(熟香型)' 우롱차를 말한다.

오늘날 유명한 산지는 평림, 석정 차구이지만, 청나라 광서연간(光緒年間, 1875~1908)에는 남항(南港) 차구가 청향형 포종차의 발원지이자 주요 생산지였다. 당시의 생산자들은 '청심우롱' 품종의 찻잎으로 포종차를 주로 만들었다. 이렇게 만든 포종차는 두 장의 하얀 정사각형 종이로 싸서 네모지게 포장한 뒤 차명과 인을 찍었다. 이것이 포종차 이름의 유래이다. 포종차에서 '종'은 '청심우롱'의 품종을 뜻한다.

문산포종차는 찻물이 맑고 황록색을 띠면서 단맛과 부드러운 맛이 난다. 주요 향은 국란, 치자나무 등의 '꽃향(floral)'이다. 또한 머랭과 같은 '달콤한 설탕향(Sweet Sugary)'과 사탕수수 또는 오이와 같은 '초본향'도 느낄 수 있다.

고산우롱(高山烏龍)
High-Mountain Oolong Tea

● 품종 | 청심우롱(青心烏龍)

● 생산 시기 | 봄, 가을, 겨울

● 산지 | 가의아리산(嘉義阿里山), 대중이산(台中梨山)

      남투현 대우령(大禹嶺) 및 삼림계(杉林溪) 등 해발고도 1000m 이상의 차구

● 채엽 부위 | 성숙한 노엽, 일아이엽, 삼엽, 개면엽

● 제조법의 특징 | 구형(球形)/약산화 우롱차/라이트 로스팅 차(생차)

차구의 해발고도를 중요시하는 '고산우롱차(高山烏龍茶)'는 '청심우롱' 품종의 성숙한 찻잎을 따서 유념하여 약하게 산화시킨 꽃향의 우롱차이다. 건조차의 외관은 구형이고 짙은 에메랄드의 녹색을 띤다.

차나무의 식물적인 성장 특성과 환경적인 요구 사항으로 인해 저위도에 위치한 차 생산지에서는 차나무를 해발고도 2000m~3000m인 곳에 심어야 하는 경우가 많다. 그러나 대만의 지리적인 위치는 북회귀선이 지나기 때문에 상대적으로 고위도이다. 따라서 해발고도 1000m 이상인 고산 차구에서는 기후가 매우 서늘하고 낮과 밤의 기온 일교차가 크다. 그로 인해 이곳의 차는 그 맛이 저위도의 차와 매우 큰 차이가 난다. 따라서 대만에서는 해발고도 1000m 이

상의 고산 차구에서 생산되는 차를 '고산차(高山茶)'라고 한다.

고산 차구의 주위 환경 온도는 평지보다 5~6도 이상 낮다. 따라서 오후에는 지형으로 인해 구름과 안개가 그늘을 만들면서 찻잎에는 테아닌과 콜로이드 등의 당류 성분들이 풍부하게 형성된다. '고산차'는 단맛이 나면서 향긋하고 부드럽고, 또 쓴맛과 떫은맛이 나지 않아 사람을 매료시킨다. 대만은 광복 후 수십 년 동안 경제가 도약하고 국민 소득이 증가함에 따라 차의 수출에 더 이상 얽매일 필요가 없었다. 반면 대만의 소비자들은 이 독특한 풍토가 선사하는 향기롭고도 맛있는 차의 향연을 누리기 시작하였다. 경제가 성장하던 그 시대에 '고산우롱차(高山烏龍茶)'가 등장하면서부터 대만에서는 이제 집집마다 찻주전자에 차를 우려내 마시는 풍속이 확산되었다.

약하게 산화되어 꽃향이 풍기는 '고산우롱차'의 찻빛은 밝은 황록색을 띤다. 맛의 측면에서는 고산차의 신선한 맛과 부드러운 뒷맛이 특징이다. 향은 우아하고 섬세한 국란(國蘭)의 '꽃향(floral)'을 기반으로 하여 사탕수수와 같은 '초본향'과 달콤한 머랭과 같은 '설탕향', 또는 풋사과와 같은 '과일향'이 있다. 또한 갓 로스팅한 고산우롱차에서는 해바라기 씨와 같은 견과류의 냄새도 느낄 수 있다.

고산금훤(高山金萱)
Jin Xuan Oolong Tea

● 품종 | 대차(台茶) 12호
● 생산 시기 | 봄, 가을, 겨울
● 산지 | 가의아리산(嘉義阿里山), 대중이산(台中梨山),
　　　　남투대우령(南投大禹嶺) 및 삼림계(杉林溪) 등 해발고도 1000m 이상의 차구
● 채엽 부위 | 성숙한 노엽, 일아이엽, 삼엽, 개면엽
● 제조법의 특징 | 구형(球形)/약산화차/라이트 로스팅 차(생차)

'고산금훤(高山金萱)'도 차구의 해발고도를 중요시하는 우롱차이다. 대차(台茶) 12호인 '금훤(金萱)' 품종의 성숙한 찻잎을 비비고 약하게 산화시켜 꽃향을 낸 우롱차이다. 건조 차는 모양이 구형이고, 색상은 짙은 에메랄드의 녹색을 띤다.

환경에 대한 강한 적응력, 찻잎의 풍부한 생산량, 우수한 품질의 찻잎, 다양한 종류의 차로 만들 수 있는 제다 적합성도 높아서 '대차 12호'는 오늘날 대만에서 공식적으로 출시된 23종의 품종 중에서도 가장 인기가 높다. 그리고 대만에서 전체 재배 면적이 두 번째로 넓다. 생산자와 소비자로부터 모두 사랑을 받고 있기 때문에 대만 북부, 중부, 남부, 동부의 다양한 차구에서 금

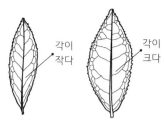

청심우롱(青心烏龍)　　대차(台茶) 12호

주맥과 측맥의 각도를 살펴보면, 금훤은 거의 90도에 가까운 각을 나타내지만, 청심우롱은 45도 미만의 각을 보인다. 찻잎 모양을 보면 금훤은 넓은 타원형이고, 청심우롱은 가늘고 길다.

훤의 모습을 쉽게 볼 수 있다. 각 지역의 특산차로 생산되어 소비자들이 차를 구입할 수 있는 길이 넓어졌다.

고산차 지역에서는 대부분 고산우롱차를 생산한다. 그러나 고산차 지역의 차농가들은 생산기에 과도한 인력이 집중되는 것을 막기 위하여 중생종으로서 품질이 우수한 금훤 품종의 차나무도 동시에 재배하여 '만생종'에 해당하는 청심우롱으로 생산하는 시기와 겹치지 않게 한다. 고산우롱과 고산금훤은 생산지가 같고, 산화도도 비슷하며, 건조 차의 모양도 비슷하기 때문에 만약 생산기까지 같다면 후각, 미각, 시각을 통해 청심우롱과 대차 12호의 차를 구별하는 일은 전문가가 아니라면 매우 어렵다.

후각과 미각은 계속 단련해야 날카로운 감각으로 변할 수 있다. 초보자들은 결코 좌절하지 말고 후각, 미각을 사용하여 자신이 느끼는 향미의 차이를 기억해야 한다. 또한 잎맥 사이의 각도와 찻잎 가장자리의 톱니 모양과 그 밀도를 관찰하면 차를 판별하는 데 큰 도움이 된다. '고산금훤'은 찻빛이 맑은 녹황색을 띠고, 맛은 부드럽고 달콤하며 매끄럽다. 향기 측면에서는 특별한 품종에서만 느낄 수 있는 '크림향'과 '물푸레나무꽃', '오렌지꽃' 등의 '꽃향'과 사탕수수와 같은 '초본향'이 나고, 약간의 로스팅을 가하면 '캐러멜향'이 약간 풍긴다.

취옥우롱(翠玉烏龍)
Cui Yu Oolong Tea / Green Jade Oolong Tea

◉ 품종 | 대차(台茶) 13호

◉ 생산 시기 | 봄, 가을, 겨울

◉ 산지 | 의란차구(宜蘭茶區), 평림차구(坪林茶區), 남투차구(南投茶區) 등

◉ 채엽 부위 | 성숙한 노엽, 일아이엽, 삼엽, 개면엽

◉ 제조법의 특징 | 구형(球形)/약산화 우롱차류/라이트 로스팅 차(생차)

'대차(台茶) 12호'와 함께 1981년에 명명되어 발표된 '대차(台茶) 13호'인 '취옥(翠玉)'도 환경 적응력이 뛰어나고, 생산량의 풍성함과 차의 풍미가 좋은 품종이라는 장점이 있어 각 산지에서 많은 사랑을 받고 있다. 오늘날 대만의 각 중·저고도의 차구에서 재배되어 다양한 종류의 차로 생산되고 있다. 그 중에서도 약하게 산화시킨 '취옥우롱(翠玉烏龍)'이 가장 대표적이다.

산화도가 약한 '취옥우롱'은 찻빛이 맑고 투명하면서 옅은 황색을 띤다. 향기 측면에서는 높은 향을 지닌 들생강꽃, 물푸레나무꽃, 치자꽃 등의 짙은 향이 난다. 오늘날 진한 꽃향을 좋아하는 우롱차 애호가들에게 깊은 사랑을 받고 있다.

사계춘우롱(四季春烏龍)
Si Ji Chun Oolong Tea / Four Season Oolong Tea

◉ 품종 | 사계춘(四季春)

◉ 생산 시기 | 사계절, 연중 5~6회 수확

◉ 산지 | 남투현(南投縣) 송백령차구(松柏嶺茶區)

◉ 채엽 부위 | 성숙한 노엽, 일아이엽, 삼엽, 개면엽

◉ 제조법의 특징 | 구형(球形)/약산화 우롱차류/라이트 로스팅 차(생차)

'사계춘우롱(四季春烏龍)'은 '사계춘' 품종의 차나무로부터 성숙한 찻잎을 따서 만든 것이다. 산화도를 약하게 진행하여 꽃향이 풍기도록 부분 산화시킨 우롱차이다. 건조 차는 구형이며 짙은 황록색을 띤다.

사계춘 품종의 차나무는 성장 속도가 매우 빠르고 찻잎의 수확량이 풍부하여 전국 단일 차구로 생산량이 1위인 남투현(南投縣) 송백령차구(松柏嶺茶區)에서 주로 재배된다. 찻잎을 연중 최대 5~6회나 수확하여 생산할 수 있다. 대량 생산을 위해 기계로 채엽한 뒤 모차를 가공한다. 이 모차를 선별 기계로 줄기나 이물질을 걷어 내고 정제 작업을 거쳐 로스팅을 진행한다. 사계춘우롱은 외관의 부피가 손으로 딴 찻잎에 비해 비교적 작아 보인다.

사계춘우롱의 찻빛은 맑고 투명하면서 황색에서 녹색 기운이 감돈다. 맛은 감미롭고, 향은 맑고 그윽하다. 향에서는 치자꽃, 플루메리아(Plumeria) 등의 꽃향도 나고, 또 복수박과 같은 과일의 향도 난다.

항구차(港口茶)
Gangkou Tea

- 품종 | 시차(蒔茶), 자연 번식
- 생산 시기 | 봄, 겨울
- 산지 | 병동항구차구(屏東港口茶區)
- 채엽 부위 | 성숙한 노엽, 일아이엽, 삼엽, 개면엽
- 제조법의 특징 | 구형(球形)/부분 산화 우롱차류/미들 로스팅 차(반생숙차)

'항구차(港口茶)'는 단일 품종의 차나무를 고수하지 않는다. 씨앗으로 자연 번식한 품종인 '시차'의 찻잎을 따서 부분 산화시켜 만든 우롱차로서 병동항구(屏東港口)의 차구를 대표하는 특산차이다. 최종 생산된 건조 차의 모양은 돌돌 말린 구형이고, 색상은 하얀 안개가 살짝 낀 듯한 녹갈색이다.

항구차의 역사와 관련해서는, 청나라 11대 황제인 덕종(德宗)의 광서연간(光緒年間, 1875~1908)에 대만 최남단의 도시인 항춘(恒春)의 행정관이 음차(飮茶)를 좋아하여 복건성(福建省)의 차농부에게 무이산(武夷山)에서 차 묘목을 가져와 항구의 마을 언덕에 심도록 명령한 것이 시초이다.

차나무의 품종은 각 차구의 풍미 특성을 분석하는 데 항상 중요한 열쇠가 되었으며, 이러한 방법은 대만뿐만 아니라 전 세계의 어디에서도 마찬가지이다.

그러나 이 방법은 병동항구의 항구차 산지에는 적용되지 않는다. 다원이나 차밭이 바다에 인접해 있기 때문에 낮의 해풍과 밤의 산바람이 강하게 부는 경우가 많다. 차나무를 꺾꽂이로 무성생식을 진행하면 뿌리를 깊이 내리지 못하여 강한 산바람에 뿌리째로 뽑혀 나가 생존하지 못한다.

따라서 항구 차구에서는 품종을 강조하지 않고 씨앗에 의한 유성생식을 통해 뿌리가 깊고 강하게 내리는 차나무를 재배한다. 이러한 차나무와 그로부터 생산한 차를 '시차(蒔茶)'라 하며, 특히 '항구차'는 대만에서 생산되는 대표적인 시차이다. 해발고도 약 100m의 항구 차구는 일 년 내내 무덥고 사계절 내내 여름철의 날씨를 보인다. 이러한 기후는 오후에 구름과 안개로 자욱한 한랭한 고산 지역의 환경과는 비교할 수 없지만, '항구차'만의 매우 깊고 강한 풍미를 생성시킨다.

로스팅 정도에서 항구차는 '반생숙차'에 속한다. 찻빛은 주황색을 띠고, 맛은 달콤하면서도 쓴맛이 있는 우롱차의 특색을 지닌다. 향기에서는 감초나 건약재와 같은 '향신료'의 향이 나고, 로스팅을 진행하면 군밤, 군고구마 같은 '견과류'의 향도 풍긴다.

참고 : '항구차'는 오늘날의 가공 과정에서 '낭청(浪菁)' 과정이 있기 때문에
　　　부분 산화의 우롱차에 속한다.

동정우롱(凍頂烏龍)
Tungtin Oolong Tea

● 품종 | 청심우롱(青心烏龍), 금훤(金萱)
● 생산 시기 | 봄, 가을, 겨울
● 산지 | 남투동정(南投凍頂), 녹곡차구(鹿谷茶區)
● 채엽 부위 | 성숙한 노엽, 일아이엽, 삼엽, 개면엽
● 제조법의 특징 | 구형/약한 · 중간 산화 우롱차류/미들 로스팅 차(반생숙차)

동정우롱차(凍頂烏龍茶)는 '청심우롱(青心烏龍)' 품종의 차나무에서 찻잎을 따서 주로 생산하는데, 약한 산화도와 함께 로스팅을 중간 정도로 진행하여 부분 산화 우롱차에 속한다. 이 우롱차는 남투동정(南投凍頂) 차구를 대표하는 특산차이기도 하다. 건조 차의 모양은 돌돌 말린 구형이며, 짙은 녹색에서 밝은 갈색 기운이 보인다.

1980년대 대만의 거리와 골목에는 찻집이 즐비하고 차를 마시는 분위기도 강하였다. 숙향형(熟香型)의 '동정우롱차'가 갓 대중화되기 시작하였고, 청향형(清香型)의 '고산우롱차'가 시장에서 급부상하려는 시기였다. 고산차가 대유행하기도 전에도 해발고도 800m의 동정산에서 나는 차는 이미 고산차로 유명하였다. 산의 이름에서부터 짐작할 수 있듯이 기온이 낮고 깊은 밤과 이른 아침에는 매우 추운 날씨를 보이기 때문에 산의 이름에 '동정(凍頂)'이 붙

었다. 현지인들은 농담조로 산꼭대기를 '동정(凍頂)'(언 정수리), 산허리를 '동요(凍腰)'(언 허리)라고 불렀다. 이러한 구분과 호칭은 매우 흥미롭기까지하다. 그런데 이것은 단순한 농담이 아닐 수도 있다. 왜냐하면 같은 산에서 생산될 경우에도 해발고도에 따라 찻잎의 품질과 가격이 달라지기 때문이다.

초기에 '동정우롱'의 모차 가공 과정은 성숙된 개면엽을 채엽하여 중간 정도로 산화시켰다. 로스팅 작업을 거치지 않은 동정우롱의 모차는 찻빛이 청향형 우롱차와 비교해 볼 때, 황금색을 더 강하게 띤다. 여기에 로스팅 및 정제 작업을 가하면 찻빛이 주황색을 띠면서 호박색에 가까워진다. 이로 인해 '홍수우롱(紅水烏龍)'이라고 한다. 오늘날 동정우롱차의 산화도는 비교적 약하지만, 로스팅 과정을 거치기 때문에 풍미가 매우 독특하다.

동정우롱차의 찻빛은 매우 맑은 황갈색이다. 맛은 중간 정도의 산화도와 로스팅, 그리고 숯불 로스팅에 의해 안정감이 있고, 또한 단맛이 깊고 진하면서 뒷맛이 있다. 향에는 호두, 면차, 보리향, 설탕, 군밤, 팝콘 등의 '견과류'의 향과 맥아당과 같은 '설탕류'의 향이 있다.

철관음차(鐵觀音茶)
Ti Kaun Yin Tea / Iron Goddess Tea

●품종│철관음(鐵觀音), 경지홍심(硬枝紅心),
　　　그 밖의 품종들
●생산 시기│봄, 겨울
●산지│대북(台北) 목책문산차구(木柵文山茶區),
　　　신북(新北) 석문차구(石門茶區), 그 밖의 차구
●채엽 부위│성숙한 노엽, 일아이엽, 삼엽, 개면엽
●제조법의 특징│구형(球形)/중간 산화 우롱차류/헤비 로스팅 차(숙차)

철관음차(鐵觀音茶)는 '가공법'에 따라 명명되었으며, 그 가공 과정에서 중간 정도 내지 강한 산화도와 헤비 로스팅이 강조되는 부분 산화의 우롱차이다. 최종 생산된 건조 차의 모양은 돌돌 말린 구형이고, 색상은 적갈색을 띠는 흑색으로서 윤택이 있다.

이때 '철관음'은 차나무의 품종명이기도 하다. 반면 '철관음차'는 가공 방법으로 정의되기 때문에 모든 품종의 차나무로부터 찻잎을 따서 중간 정도로 산화시키고 헤비 로스팅의 과정을 거치면 모두 '철관음차'라고 할 수 있다. 따라서 차나무의 품종적인 특수성도 구별하기 위하여, 대만 철관음차의 발원지인 목책차구에서는 특별히 철관음 품종의 차나무로부터 성숙한 찻잎을 따서 철관음차 가공 방법으로 생산한 것을 '정총철관음(正欉鐵觀音)'이라고 별도로 호칭한다. 이는 다른 지역의 다른 품종의 차나무로부터 생산한 철관

음차와 구별하기 위한 것이다.

또한 대만의 차구 중에서도 가장 북부에 위치한 '석문(石門)' 차구는 일제 시대에 대형 차창을 설치하여 '아리방홍차(阿里磅紅茶)'를 생산한 뒤 해외로 수출하였다. 이때 '아리방(阿里磅)'은 평포족(平埔族)의 언어로서 석문차구에서 바다와 접해 있는 산의 형상을 뜻한다. 대만은 광복 뒤에 홍차 수출 정책에서 돌아서서 국내 우롱차의 생산 정책을 펼쳤다. 그 결과 홍차를 생산하던 석문차구는 크게 몰락하면서 대형 홍차 차창들도 문을 닫았다.

우롱차를 좋아하는 국내 소비자의 기호에 적응하는 면에서 석문차구는 차밭이 바다 인근에 위치하고 해발고도도 낮아서 청향형 우롱차를 생산하기에 매우 불리한 지역이다. 따라서 오래전부터 현지에서 재배하던 '경지홍심'과 '금훤' 품종의 차나무로부터 성숙한 찻잎을 따서 '철관음'의 우롱차를 생산하였다. 그 뒤 전기 로스팅과 숯불 로스팅을 교대로 적용하여 석문차구 특유의 '석문철관음차(石門鐵觀音茶)'를 생산하기에 이르렀다.

이 철관음차는 찻빛이 호박색과 주황색을 띠고, 로스팅 차의 깊고 차분한 단맛과 달짝지근한 뒷맛이 있다. 향기는 군밤과 같은 견과류의 향과 캐러멜과도 같은 설탕류의 향이 난다. 또한 다크초콜릿과 같은 초콜릿향을 비롯해 용안과 매실과도 같은 산화향은 일품이다.

백호우롱(白毫烏龍)

Pekoe Oolong / Oriental Beauty Oolong

별명 | 동방미인차(東方美人茶)/병풍차(椪風茶)/오색차(五色茶)/향빈우롱(香檳烏龍)

● 품종 | 청심대유(靑心大冇), 금훤(金萱),
　　　　청심우롱(靑心烏龍), 백모후(白毛猴)
　　　　또는 그 밖의 품종
● 생산 시기 | 여름, 가을
● 산지 | 신죽(新竹), 묘율(苗栗), 도원(桃園), 평림(坪林) 등의 차구
● 채엽 부위 | 어린 찻잎 , 일아일엽 또는 이엽
● 제조법의 특징 | 조형(條形)/강한 산화 우롱차류/로스팅은 강조되지 않음.

'백호우롱(白毫烏龍)'은 '동방미인차(東方美人茶)'로 더 널리 알려져 있다. 소록엽선에 즙을 빨린 찻잎인 '저연(著涎)'만을 따서 산화도를 높여 가공하여 과일향이 나는 부분 산화의 우롱차이다. 건조 차의 모양은 새싹, 줄기, 찻잎 등의 모양으로 다섯 가지의 색상을 띠고 있다.

'백호우롱'은 차의 종류이기도 하고, 가공 방법의 명칭이기도 하다. 따라서 각지의 차구에서 동일한 채엽 조건과 생산 방법을 따를 경우에는 그 차들을 모두 '백호우롱'이라고 할 수 있다. 일반적으로 백호우롱은 '백색, 녹색, 노란색, 갈색, 빨간색'의 다섯 색상이 혼합되어 있어 '오색차'라고도 한다.

전설에 따르면, 약 100여 년 전 신죽(新竹), 묘율(苗栗) 일대의 차농가들이 품질이 떨어지는 저연 찻잎을 사용하여 우롱차를 만든 뒤 북부로 이동하여 판

매하였다. 그런데 본래 외관상 보기에도 좋지 않은 차였음에도 불구하고 뜻밖에도 서양인들부터 큰 호응을 받으면서 높은 가격에 거래되었다. 그 당시 고향 사람들이 그러한 사실을 자랑스럽게 여기면서 '병풍차(椪風茶)'라고 불렀다. 훗날 영국 여왕이 이 차를 마신 뒤 매우 훌륭하다고 하여 '동방의 미인'이라는 신비롭고도 아름다운 별칭을 부여하였다.

소록엽선에 물려 더 이상 자라지 않은 새싹과 구부러지고 고르지 못한 황록색의 찻잎을 부지런히 따 내는 사람들의 '절약 정신'이 없었다면, '백호우롱'은 결코 탄생하지 못하였을 것이다. 또한 서양의 세계와 영국의 여왕을 놀라게 한 특별한 차도 대만에 존재하지 못하였을지도 모른다. 소록엽선에 물리지 않은 찻잎을 강한 산화 과정으로 만든 조형 우롱차는 '번장우롱(番庄烏龍)'이라고도 한다. 1869년, 대만은 '포머서 우롱(Formosa Oolong)'이라는 브랜드명으로 우롱차를 미국 뉴욕에 수출하였다. 이것이 대만의 차 역사상 해외로 처음 판매한 기록이다. 이 '우롱차'의 상품은 아마도 소록엽선에 즙이 빨리지 않은 '번장우롱(番庄烏龍)'이었을 것이다. 이때 '번(番)'은 '서양인'을 뜻한다. 찻빛은 주황색을 띤다. 단맛과 과일의 신맛이 약간 나면서 맛이 매우 풍요롭다. 향은 섬세하면서도 꿀향이 나고, 리치, 레드구아바, 패션푸르츠 등의 과일향도 나면서 레드와인과 같은 발효 향도 난다.

대동홍우롱(台東紅烏龍)
Taitung Red Oolong

- 품종 | 대엽우롱(大葉烏龍), 금훤(金萱), 청심우롱(靑心烏龍)
- 생산 시기 | 여름, 가을
- 산지 | 대동록야차구(台東鹿野茶區)
- 채엽 부위 | 성숙한 노엽, 일아이엽, 삼엽, 개면엽
- 제조법의 특징 | 구형(球形)/강한 산화 우롱차류/미들 로스팅 차

대동홍우롱(台東紅烏龍)은 우롱차와 홍차의 향미를 모두 갖추고 있다. 산화도가 높아 과일향이 풍기는 부분 산화의 우롱차에 속한다. 대동(台東) 차구를 대표하는 대만의 신흥 특산 차종이다. 차의 모양은 돌돌 말린 구형이고 색상은 흑갈색이다.

대동차구에 들어서서 녹야(鹿野) 고원으로 가는 산길을 조금 걷다 보면 길가에 매우 오래되고 갸름한 모양으로 자라는 교목형 아삼종 차나무들이 심겨 있는 것을 볼 수 있다. 대동녹야(台東鹿野) 차구에서는 완전 산화차인 홍차를 생산하는 광경도 쉽게 찾아볼 수 있다. 이 대동홍우롱(台東紅烏龍)은 홍차의 산화 방식을 차용해 우롱차의 낭청과 살청의 가공 과정을 거쳐 생산하기 때문인 것도 그 한 이유일지도 모른다.

그러나 대동차구는 위도가 낮고 해발고도도 낮은 지리적인 조건이기 때문

에 매우 무더운 기후적인 특성을 보인다. 따라서 가공 과정에서 노출되는 높은 기온의 조건에도 상관없이 차를 생산할 수 있는 방법을 새로 개발하는 것이 매우 합리적일 것이다. 이렇게 탄생한 차가 바로 대롱홍우롱인 것이다. 여름과 가을의 무더운 기후는 찻잎에 '티 폴리페놀류'의 함유량을 높일 뿐만 아니라 제다 과정에서도 산화도를 높여 준다.

대동홍우롱은 대만 특산차 중에서도 산화도가 가장 높은 우롱차로서 찻빛은 홍차의 밝은 진홍색에 가깝다. 향미석인 측면에서 맛은 홍차의 풍부한 바디감을, 향은 우롱차의 향긋한 향기를 느낄 수 있다. 이때 향기는 레드구아바 등의 열대성 과일향이 난다. 그리고 로스팅으로 인해 밀크초콜릿과 같은 초콜릿향, 건조 용안과 같은 산화향도 풍긴다.

화련밀향홍차(花蓮蜜香紅茶)
Hualien Mi Xiang Black Tea

● 품종 | 대엽우롱(大葉烏龍), 금훤(金萱)

● 생산 시기 | 여름, 가을

● 산지 | 화련서수(花蓮瑞穗)

● 채엽 부위 | 여린 새싹, 일아일엽, 이엽

● 제조법의 특징 | 조형(條形)/완전 산화차/로스팅이 없거나 라이트 로스팅

화련밀향홍차(花蓮蜜香紅茶)는 주로 '대엽우롱(大葉烏龍)'의 품종을 중심으로 소록엽선이 즙을 빤 찻잎인 '저연(著涎)'을 따서 완전 산화시킨 홍차로서 화련 차구를 대표하는 특산차이다. 건조 차의 모양은 곱슬곱슬하게 휘말려 있고 색상은 약간 흰색이 섞인 검은색으로서 윤택이 돈다.

화련밀향홍차는 현지의 차농가들이 연구하여 개발한 화련차구의 대표적인 차이다. 그러나 '밀향(蜜香)(꿀향)'이라는 명칭은 다른 차구에서 같은 조건의 찻잎으로 만들었다면 차 이름에 붙일 수 있다. 따라서 대만에서는 여러 지방에서 '밀향홍차(蜜香紅茶)'라는 이름의 차들을 찾아볼 수 있다.

'독성 없는 생태 환경', '명확한 시장 세분화', '뛰어난 가공 기술'을 통해 화련서수(花蓮瑞穗)의 차구에서는 '동방미인차(東方美人茶)'와 같은 꿀향이 나는 홍차를 개발할 수 있었다. 특히 서수 농업 지역은 오랫동안 무독성 친환경적

농업을 적극적으로 추진해 왔기 때문에 산의 자연 생태가 잘 보존되어 있다. 따라서 이 지역에서 재배되는 대엽우롱 품종의 차나무에서는 소록엽선이 즙을 빤 찻잎인 저연을 쉽게 구하여 밀향(꿀향)이 나는 홍차를 생산할 수 있는 것이다.

밀향차를 홍차로 처음 생산한 발명가는 고조훈(高肇勳) 선생과 점아단(粘阿端) 선생이었다. 원래 고산차구에서 향긋한 우롱차를 만들었던 고조훈 선생과 현지의 점아단 선생은 '서수 차구는 해발고도가 낮아서 우롱차를 생산해서는 그 향미에서 고산차와 경쟁할 수 없고, 저연 찻잎으로 약간 더 강하게 산화시켜 동방미인차를 만들어도 도죽묘차구에서 생산한 차의 아류가 될 뿐'이라고 생각하였다. 그래서 두 사람은 티 폴리페놀류를 다량으로 함유한 저연 찻잎을 채취한 뒤 화동 종곡(花束縱谷)의 여름과 가을의 따뜻한 기후를 활용하여 찻잎의 산화를 촉진시켜 지방 특산의 '화련밀향홍차'를 개발한 것이다.

화련밀향홍차의 찻빛은 밝은 오렌지색을 보인다. 향에서는 꿀과 같은 설탕류의 향과 복숭아, 리치, 오렴자(五斂子) 등의 과일류의 향이 있다. 또한 차밭이나 다원의 생태가 균형을 이루면 소록엽선의 개체수가 자연의 먹이사슬로 인해 유지되면서 저연의 정도가 심하지 않기 때문에 조형의 홍차를 더 강하게 로스팅하여 군고구마나 사탕수수와 같은 설탕류의 향도 낼 수 있다.

아삼홍차(阿薩姆紅茶)
Assam Black Tea

●품종 | 대차(台茶) 8호 또는
　　　일제 시대에 도입된 인도 아삼종
●생산 시기 | 여름, 가을
●산지 | 남투현(南投縣) 일월담(日月潭), 대동(台東), 그 밖의 차구
●채엽 부위 | 어린 새싹, 일아일엽, 이엽
●제조법의 특징 | 조형(條形)/완전 산화차

아살모홍차(阿薩姆紅茶), 즉 아삼홍차를 생산하는 데 사용되는 차나무에는 크게 두 품종이 있다. 하나는 대차(台茶) 8호 품종의 차나무를 사용하는 것이고, 다른 하나는 일제 시대에 인도 아삼주에서 씨앗을 들여와 심은 아삼종의 차나무를 사용하는 것이다. 이 아삼홍차는 완전 산화차로서 건조 차의 모양은 굵고 큰 조형이고, 색상은 윤택이 도는 검붉은색이다.

대만 홍차를 알기 위해서는 먼저 '대만 홍차의 고향'인 남투현(南投縣) 어지향(魚池鄉)의 호수 지역인 일월담(日月潭)부터 알아야 한다. 일제 시대에 대만의 차 생산은 홍차의 생산 및 수출에 역점을 두었다. 그런데 당시 일본이 벌인 홍차 산업에는 그뿐만 아니라 대만의 기후에 적합하고 세계적인 수준으로 품질이 훌륭한 홍차를 생산하기 위해 우량 품종의 차나무를 재배하는 작업도 포함되어 있었다.

이에 따라 일본은 1923년 인도 아삼주로부터 시험 재배를 위해 종자를 대만과 일본의 여러 지역으로 보냈다. 이 당시에 도입된 종자 중 일부는 대만 북부의 평진(平鎭)에 위치한 차산업시험장과 임구장(林口庄) 차산업연구소에서 시험적으로 재배되었다. 또 일부는 대만 중남부의 어지장(魚池庄)에 위치한 연화지(蓮華池)의 약용식물시험장에서 재배되었다. 그 밖에도 일본 규슈 지역으로 보내져 시험적으로 재배되었다. 이 네 시험장 중에서는 어지장의 약용식물시험장에서만 재배에 성공하였는데, 특히 자이푸리(Jaipuri), 마니푸리(Manipuri), 캉(Kyang) 등의 아삼 대엽종 품종이 잘 적응하여 재배되었다. 그 뒤 어지장 지역 연화지 주변의 해발고도 약 600m~800m인 드넓은 구릉에서 차나무를 재배한 뒤 홍차를 생산하였다.

이 당시 생산된 홍차는 품질이 훌륭하고 맛도 대만 전통의 홍차와도 전혀 달랐기 때문에 영국 런던의 티 품평회에서도 큰 호평을 받았다. 그 뒤 1936년에 대만의 홍차 산업을 더욱더 발전시키기 위해 일본은 일월담 인근에 '어지홍차시험지소(魚池紅茶試驗支所)'를 정식으로 설립하였다. 이 당시의 '어지홍차시험지소'는 오늘날의 '차산업 개량장 어지분원'의 전신이다.

'아삼홍차'는 찻빛이 진홍색이고 윤기가 돈다. 맛은 대엽종 고유의 바디감이 매우 풍부하고 떫은맛이 난다. 향은 감귤류의 전형적인 과일향이다.

홍옥홍차(紅玉紅茶)
Ruby Black Tea

● 품종 | 대차(台茶) 18호
● 생산 시기 | 여름, 가을
● 산지 | 남투현(南投縣)의 일월담(日月潭) 및
　　　명간(名間), 화련서수(花蓮瑞穗), 그 밖의 차구
● 채엽 부위 | 여린 새싹 , 일아일엽, 이엽
● 제조법의 특징 | 조형/완전 산화차

'홍옥홍차(紅玉紅茶)'는 '대차(台茶) 18호'인 '홍옥(紅玉)' 품종의 차나무로부터 찻잎을 따 완전히 산화시켜 만들어 품종명을 차명으로 붙인 홍차이다. 건조 차의 모양은 가느다랗고 기다란 조형이고, 색상은 짙은 검은색이며 윤택이 난다.

광복 뒤에도 대만 정부에서는 일제 시대에 시작된 차나무의 품종 육성 계획을 계속 진행하였다. 그리고 대만 경제가 점차 발전하면서 다양한 인기 품종의 차나무들을 잇따라 발표하였다. '대차 18호'라는 이름은 밀레니엄 직전의 해인 1999년도에 명명하여 발표하였다.

대차(台茶) 18호는 광복 뒤 40여 년만에 새로 발표된 품종이지만, 사실 그 모종은 품종이 '버마(Burma)'이다. 이 버마종은 1940년에 미얀마 국경에서 도입한 대엽종의 차나무로서 육종 계획은 일제 시대부터 시작되었다. 그 뒤 육종 사업 계획은 '차업 개량장'의 설립으로 이어졌다.

오늘날 '홍옥홍차'의 주요 생산지는 남투현 어지향차구이지만, 새로운 시장에서도 높은 각광을 받고 있는 상황에서 지금은 화련서수, 의란(宜蘭) 지역의 삼성(三星), 남투현 송백령 등 해발고도가 낮은 차구에서도 '대차(台茶) 18호'를 쉽게 찾아볼 수도 있다.

차에 관하여 기본적인 지식을 갖춘 사람들은 '홍옥홍차의 독특한 계피 맛과 박하향은 대만 고유의 향'이라고 설명한다. 계피나 박하의 향을 인정하든지, 안 하든지 간에 '홍옥홍차'는 대엽종 홍차의 진한 맛과 바디감이 있다. 그리고 세계 최상급의 홍차들에서 볼 수 있는 밝은 느낌의 색상과 떫은맛의 특성을 간직하고 있다. 맛의 측면에서도 치별성이 충분하여 식별성을 갖춘 동시에 대만 고유의 재배와 가공 기술, 그리고 깊이 있는 차문화가 반영되어 홍옥홍차는 그야말로 세계 정상급의 홍차와 비교하여도 손색이 없다고 평가를 받는다. 특히 맛은 진하면서도 깔끔한 떫은맛이 풍부하고, 찻빛은 밝고 붉다. 향에서는 파인애플, 감귤, 포도와 같은 과일향과 계피, 박하와 같은 향기와 약간 매운맛도 있다.

대만의 차산업과 대만 차의 플레이버 휠

대만의 차산업은 중국의 청나라 시대에 그 기원을 두고 있다. 여기서 소개하는 대만 차의 발전사는 200~300년에 이르는 대만 근대사의 축소판이다. 한족인들이 처음에 자신의 고향으로부터 들여온 차나무를 대만에 심고 재배하여 차를 만든 것이다. 그리고 서양인들이 들어와서 '포머서 우롱(Formosa Oolong)'이라는 브랜드로 대만의 차들을 해외로 팔았다. 일제 시대에는 홍차 생산에 집중하면서 차산업 발전의 기반이 형성된 뒤 1973년에 이르러서는 해외 수출량이 절정에 다다랐다.

대만의 국내 경제가 점점 더 발전하면서 차의 생산도 생산량 증대에서 품질도의 향상으로 방향을 바꾸었다. 최근에 대만은 차의 수입국으로서도 성장하였다. 200~300년 사이에 육우가 소위 말한 '남방가목'을 재배한 대만은 녹차, 우롱차, 홍차 등의 다양한 특산차들을 지속적으로 개발하였다.

이 특산차들은 미래 세대에게 전해 줄 만한 매혹적인 이야기를 간직하고 있을 뿐만 아니라 '색, 향, 맛'의 특성 면에서도 매우 월등하다. 차에 담긴 이와 같은 이야기들은 차문화의 깊이와 생활의 폭을 통해 각 특산차의 상품에 매력과 신비를 더해 줄 수 있다. 그러나 차를 전 세계에 홍보하려면 보편적이고도 객관적인 방법을 사용해야 한다. 바로 전 세계의 사람들이 공통적으로 알아들을 수 있는 언어인 '플레이버 휠(flavor wheel)'을 사용해야 한다. 그러면 전 세계에서 차에 관심이 있는 사람들이 모두 공통적이면서도 감각적인 기술 방식으로 대만 차에 대해 인식의 깊이를 더하면서 이해할 수 있을 것이다.

여기서는 제1장의 '차나무와 테루아', 제2장의 '차의 분류와 가공 과정'에서 소개한 플레이버 휠의 기초를 바탕으로 최근 몇 년 동안 차에 관한 지식을 확산시키기 위해 개최된 행사에서 학생들이 공감하는 차의 향기에 대한 묘사를 정리하여 작성한 플레이버 휠을 소개한다. 차의 향미 성분의 기초, 맛과 느낌의 조화, 향미의 묘사 등을 이해하는 데 도움이 될 것으로 기대한다.

대만차(臺灣茶)의 이해

대만 차의 플레이버 휠

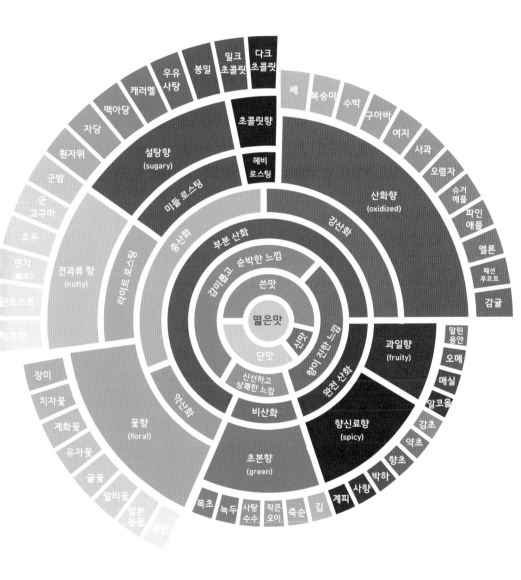

차 맛의 농도와 질감

차 우리기와 음미

Smoothness and
Thickness of Tea.
Methods of Brewing Tea
and Tasting.

사람들은 흔히 "맛이 쓰지 않고 떫지 않으면 '차(茶)'라고 부르지 않는다"고 말한다. 이는 쓴맛의 물질이 본래 찻잎 속에 함유된 주요 향미 성분이기 때문이다. 차를 우려내는 데 인내심과 관심이 부족하여 수온을 높여 차를 빨리 우려내려고 하거나, 물에 우려내는 시간을 줄이거나 소홀히 하면 차를 마시는 일이 괴로울 뿐만 아니라 차의 풍부한 바디감과 향미의 균형감도 상실시킨다.

그렇다면 쓴맛과 단맛의 균형이 훌륭하게 잡힌 좋은 맛과 향의 차로 우리려면 대체 어떻게 해야 하는가? 대부분의 사람들이 이 질문에 대해서는 자신감 있게 말하지 못한다. 이러한 이유로 어떤 사람은 다도(茶道)를 배워 삶의 조용한 아름다움을 느끼고, 또 어떤 사람은 영적으로 깊은 평온감을 누리기 위해 다도를 배우기 시작한다. 사실, 수많은 사람들이 차에 대해 더 잘 알고 싶어 하지만 다도의 입문에는 머뭇거린다. 왜냐하면 사람들은 그저 단순히 생활 속에서 차 한 잔을 원하기 때문이다.

차는 사람들마다 매료시키는 부분이 각기 다르다. 먼저 과학적인 실험을 통해 '차를 우리는 방법'에 대하여 이해를 넓혀 보자. 차를 우리는 방법에 관하여 기본적이고도 객관적인 지식을 갖춰 차와 다기들이 바뀌더라도 종합적으로 판단하여 우려내면 일상 속에서도 소소하지만 큰 행복을 누릴 수 있을 것이다.

차를 우려 향미의 성분을 침출하는 방법

차를 우려낼 때의 '수온', '우리는 시간', '수질', 더 나아가 '찻잎과 물의 비율', '침출하는 다기의 재질' 등은 모두 차를 우려내면서 향미의 성분을 침출할 때의 객관적인 조건이다.

차를 우리는 과학

중국식이든지, 일본식이든지, 영국식이든지 간에 사실 차를 우려낸다는 것은 한마디로 말하면 '침출'이다. 그렇다면 차를 우려낸다고 하면 과연 무엇을 침출한다는 것인가? 이 의문을 온전히 풀어 보기에 앞서 여기서는 먼저 차에서 세 가지의 중요한 향미 성분인 '티 폴리페놀류'(떫은맛), '테인'(쓴맛), 그리고 '테아닌'(단맛)을 침출하는 방식에 대하여 중점적으로 살펴본다. 왜냐하면 이 성분들은 찻잎에 함유된 수용성 성분의 대부분을 차지하고 있고, 또한 차를 우릴 때 이 세 가지의 향미 성분들이 침출되면서 차의 특징, 즉 찻빛, 맛과 향, 그리고 입안의 질감 등을 결정하기 때문이다. 따라서 차의 침출 특성을 파악하기 위해서는 '티 폴리페놀류', '테인', '테아닌'을 관찰 기준으로 삼는 것이 합리적이다.

침출 조건

차를 우려낼 때 고려해야 할 침출 조건으로는 '수온', '우리는 시간', '수질', 그리고 '찻잎과 물의 비율', '침출 도구' 등이 있다. 사실 일반 사람들과 마찬가지로 과학자들도 서로 다른 침출 조건, 즉 수온의 고저, 우리는 시간의 장단, 수질을 달리한 실험을 통해 차의 특성을 파악하려고 한다. 예를 들면, 차에서 침출된 향미 성분들의 기능을 규명하여 차를 우리는 가장 적당한 방법을 찾아내는 것이다.

여기서는 과학 실험을 통해 얻은 객관적인 결론을 기반으로 차를 좋게 우리는 방법들에 대해 간략히 소개한다. 물론 이 내용들이 절대적으로 옳다고는 할 수 없다.

물의 온도

약간 쓴맛이 나는 테인과 떫은맛이 나는 티 폴리페놀류는 뜨거운 물에서 잘 우러나지만 단맛이 나는 테아닌은 수온에 상관없이 우러난다. 따라서 차를 우려낼 때 수온만 잘 조절하면, 쓴맛은 적고 단맛과 감칠맛이 풍부한 차로 우려낼 수 있다.

물의 온도에 따른 차 맛의 변화

수많은 사람들이 차의 구입과 관련하여 비슷한 경험과 의구심을 갖고 있을 것이다. 차산에 올라 차를 구입할 때 현장에서 우려낸 차는 맛이 정말 달고 맛있다. 그러나 집에 돌아와서 우려낸 차는 산지에서만큼은 달지 않고 오히려 쓸쓸한 맛이 난다. 이에 대하여 일부 사람들은 차를 우리는 것이 미숙하거나 차를 우리는 도구를 잘못 선택하였다고 자신을 책망하고, 또 일부 사람들은 산지의 판매상들이 바빠서 차를 잘못 판매한 것이 아닌지 등의 의구심을 갖기도 한다.

사실 그것은 차산(茶山)과 집의 두 곳에서 차를 우리는 물의 온도가 다르기 때문일 가능성이 높다. 똑같이 끓인 물인데, 두 곳의 수온이 다를 이유가 없다고 생각할는지도 모르겠지만, 사실 그 원인은 기압에 있다. 해발고도가 높은 산지에서는 기압이 평지의 1기압보다도 낮아지면서 끓는점도 낮아지기 때문이다. 사실 평지에서는 100도에 물이 끓지만 산지에서는 기압이 낮아 수온이 95도도 되지 않아 끓을 수도 있다. 예를 들면, 아리산 극정(隙頂) 차구에서는 해발고도가 1200m나 되기 때문에 물이 실제로 94도에서 끓는다. 그렇다면 낮은 수온으로 차를 우리는 것이 차의 향과 맛을 더 훌륭하게 만들까? 그 해답은 과학적인 실험으로도 확인해 볼 수 있다. 여기서는 수온이 티 폴리페놀류와 테인, 그리고 테아닌의 침출에 주는 영향에 관하여 국내외의 수많은 과학 실험을 통해 확인된 몇 가지의 내용을 소개한다.

1. 수온이 높을수록 '티 폴리페놀류', '테인', '테아닌'의 성분에 대한 침출성도 강해진다.

2. 수온 70도, 85도, 100도에서 각각 여러 회씩 매회마다 30초씩 침출한다.

그 결과 위의 세 성분들은 첫 3회째까지 침출된 양이 나중 횟수에 침출된 양보다 더 많았다. 그리고 물의 온도가 높을수록 세 성분의 3회째까지의 침출량이 훨씬 더 많았다.

3. 떫은맛의 티 폴리페놀류와 쓴맛의 테인 성분은 수온이 높을수록 침출성이 좋지만, 단맛을 내는 테아닌은 수온이 낮은 상태에서 장시간 우려낼수록 침출성이 좋다. 즉 테아닌의 침출성은 온도에 영향을 받지 않는다는 것이다.

4. 산화도가 높은 차류에서는 티 폴리페놀류의 침출량이 적다.

수온이 티 폴리페놀류, 테인, 테아닌의 침출에 주는 영향

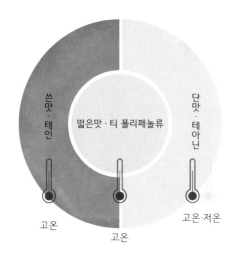

쓴맛의 테인과 떫은맛의 티 폴리페놀류는 수온이 높을수록 침출성이 좋다. 반면 테아닌은 수온에 관계없이 장시간 우려내면 침출성이 좋다.

참고문헌 :
Effects of different steeping methods and storage on caffeine, catechins and gallic acid in bag tea. 2007
茶業改良場 台灣茶業研究彙報 33期.

실험에 따르면, '티 폴리페놀류', '테인', '테아닌'의 세 성분들은 수온이 높을수록 일반적으로 침출의 효율성이 높았다. 즉 침출 속도와 침출량이 많이 증가한 것이다. 그런데 수온이 낮을 경우에는 티 폴리페놀류와 테인의 경우에는 침출의 효율성이 떨어지지만, 단맛을 내는 테아닌은 시간이 갈수록 지속적이고도 효율적으로 침출되었다.

해발고도가 높은 고산 지대의 차산에서 물의 끓는점은 평지에서보다 낮기 때문에 티 폴리페놀류와 테인이 상대적으로 적게 침출되는 반면, 단맛의 테아닌은 상대적으로 많이 침출된다. 이로 인하여 차산에서 우려낸 차는 쓴맛과 떫은맛이 덜하고 단맛이 비교적 강하여 입에 감칠맛을 내는 것이다. 따라서 평지의 도시에서 지내는 사람들은 수온을 조금만 신경을 써서 조절하면 차를 감미롭게 우려내 마실 수가 있는 것이다.

이러한 실험 결과는 냉침차가 온침차보다 쓴맛과 떫은맛이 덜하고 감미로워 소비자들에게 왜 더 인기가 있는지의 이유를 잘 설명해 주고 있다. 결국 장시간의 저온 침출 방식은 쓴맛이 나는 테인과 떫은맛을 내는 티 폴리페놀류의 침출성을 줄이는 데 도움을 주고, 상대적으로 단맛의 테아닌을 지속적으로 침출시켜서 냉침차를 더욱더 감칠맛이 나도록 만드는 것이다.

또한, 앞서 소개한 실험의 결론 4와 같이 산화도가 높은 차류에서는 티 폴리페놀류의 침출량이 적다. 이 실험의 결과는 차의 생산에서 '산화'의 의미를 정의하고 있다. 즉 찻잎이 산화되는 과정에서는 티 폴리페놀류가 우롱차질, 테아플라빈, 테아루비긴의 성분으로 변화한다. 따라서 산화도가 높을수록 찻잎에는 티 폴리페놀류의 함유량이 적기 때문에 물에서의 침출량도 적은 것이다. 결과적으로 산화도가 높은 차류일수록 티 폴리페놀류의 떫은맛 또는 수렴성의 질감이 줄어드는 것이다.

TEA NOTES

수온(水溫)

찻잎에 함유된 '티 폴리페놀류', '테인', '테아닌'의 함유량은 선천적으로는 차나무의 생장 환경, 찻잎의 크기와 채엽 부위, 후천적으로는 가공 과정의 산화도에 따라 다르지만, 이 세 성분들은 수온의 높고 낮음에 따라 물 속으로 침출되는 효율성에서 차이가 있다.

따라서 차를 우리기 전에 찻잎에 관한 배경적인 특성들을 잘 고려한 뒤에 가장 적당한 수온의 물로 찻잎을 우려내는 것이 바람직하다. 예를 들면, 비산화차인 녹차는 티 폴리페놀류를 다른 차류에 비해 가장 풍부하게 함유하고 있기 때문에 100도의 물로 우려내기보다 온도가 약간 더 낮은 85도~90도의 물로 우려내면 떫은맛이 덜하고 감칠맛이 더 있다. 봄과 겨울에 찻잎을 약하게 산화시키고 유념 과정으로 단단히 구형으로 뭉친 고산우롱차와 동정우롱차는 찻잎이 잘 풀릴 수 있도록 100도의 끓는 물을 찻잎에 힘차게 붓는 것이 좋다. 마찬가지로 봄과 겨울에 조형으로 만든 문산포종차는 95도 내지 100도의 끓는 물로 우리는 것이 80도의 물로 우리는 것보다 그 맛과 향이 더 좋다.

동양미인차의 경우에는 꿀향이 두드러지도록 하기 위해서 약간 수온이 낮은 물로 우리는 것이 좋다. 수온이 85도~90도의 물로 동방미인차를 우려내면 진한 꿀향과 함께 부드럽고 달콤한 과일향도 만끽할 수 있다. 그리고 홍차는 90도~100도의 물로 우리는 것이 80도의 물로 우리는 것보다 색, 향, 맛, 바디감을 더욱더 잘 표현할 수 있다.

	저온 침출	고온 침출

품종과 풍토

일아이엽

높은 역경/여름 또는 가을　　대엽종

일아사엽

낮은 역경/봄 또는 겨울　　소엽종

차류와 가공

우롱차
예 : 동방미인차

우롱차
예 : 문산포종차

우롱차
예 : 고산우롱차

녹차류

홍차류

　　　　85℃　　　　90℃　　　　95℃　　　　100℃　　**수온**

침출 시간

수온은 찻잎에 함유된 향미 성분들을 효과적으로 침출하여 차를 우리는 시간을 단축시킨다. 그러나 찻잎이 물에 적정하게 담겨 있어야 비로소 차의 향미 성분들이 골고루 침출되어 색, 향, 맛, 바디감이 훌륭한 차로 탄생한다.

온도에 따른 침출 시간

수온에 관한 실험에 따르면, 차를 우려내는 데 인내심이 부족하면 단순히 높은 온도에 의존하여 짧은 시간에 빠른 속도로 침출하려고 한다. 그러면 '티 폴리페놀류'와 '테인'의 쓰고 떫은맛이 많이 침출되면서 전체적인 맛을 지배할 것이다.

특히 우리 입안의 미뢰에도 쓰고 떫은맛의 감각들이 너무 많이 남게 되어 테아닌이 가져다주는 달콤하면서도 감미로운 단맛을 상대적으로 느낄 수가 없다. 또한 고온으로 짧게 우려내는 경우에는 찻잎에 들어 있는 수많은 향미의 성분들과 좋은 질감을 안겨 주는 펙틴 등의 당류들이 고르게 침출되지 못한다. 그러면 차의 맛이 거칠면서 균형을 이루지 못하고 바디감도 없어지면서 결국 차를 마시면 기분이 좋지 않고 마음이 불쾌해진다.

따라서 질감이 걸쭉하면서도 목 넘김이 매끄럽고, 색과 향도 모두 잘 갖춰진 균형감이 훌륭한 차를 마시려면 중요한 침출 조건인 '수온' 외에 우려내는 '침출 시간'도 알맞게 고려해야 한다. '찻잎의 특성'에 따라 우려내기에 적당한 수온의 물을 선택한 뒤에 알맞은 침출 시간으로 찻잎에 함유된 수용성의 향미 성분들을 고르게 침출하면 차의 맛을 고소하면서도 매력적으로 표현할 수 있는 것이다.

일반적으로 찻잎을 물에 담가 두는 시간이 길어질수록 '티 폴리페놀류', '테인', '테아닌'의 침출량도 많아질 것으로 추측된다. 그리고 수많은 과학 실험들도 대체로 동일한 결론에 도달하였다. 수온과 침출 시간에 관해서는 다음의 결론들이 도출되었다.

결론은 대략 두 가지이다.

1. 차를 물에 우리는 시간이 길수록 '티 폴리페놀류', '테인', '테아닌'의 침출량이 많다. 반대로 우리는 시간이 짧으면 침출량이 적다. 결국 침출 시간은 차의 맛을 결정하는 주요한 요인이다.

2. 차를 낮은 수온에서 장시간에 걸쳐 우리면 테아닌 성분은 지속적으로 침출된다. 차를 수온 4도의 물로 4시간 정도 냉침하면 단맛을 내는 테아닌의 함유량이 뜨거운 물로 5분간 우려낸 경우보다 그 침출량이 1.8배에 달한다. 이는 저온에서 오랫동안 우려낸 차에서 쓰고 떫은맛이 적고 단맛을 비교적 많이 느낄 수 있는 주요 원인이다.

대만차(臺灣茶)의 이해

TEA NOTES

수온과 침출 시간

'수온'이 차를 우려내는 시간을 효과적으로 단축시킬 수 있다면, '침출 시간'은 차의 모든 향미 성분들이 골고루 침출되도록 하는 기회를 주고, 차의 맛과 향에도 모두 풍부한 느낌을 줄 수 있다. 차를 우릴 때는 서로 다른 배경의 '찻잎 특성'에 따라서 수온과 침출 시간을 적당히 달리할 수 있다. 그러면 마시기에도 편하고 달콤하면서도 목 넘김이 부드러운 차를 쉽고 간단하게 우릴 수 있다.

종합적으로 말하자면, 뜨겁게 우리는 차는 침출성이 높은 대신에 '침출 시간'에는 대단히 민감하다. 따라서 초보자에게 차를 우리는 데 권장되는 침출 시간은 '0.5분'을 단위로 한다. 또한 주의해야 할 점은 첫 번째로 우릴 때의 시간인데, 이는 찻잎의 외형에 따라 약간씩 차이가 날 수 있다. 예를 들면 고산우롱차, 동정우롱차와 같은 구형의 차는 침출 시간을 1회째에는 '1분', 2회째에는 '0.5분', 3회째에는 '1분', 4회째에는 '1.5분'이다. 그 뒤부터는 시간을 0.5분씩 늘린다. 문산포종차와 같은 기느다란 조형의 차는 침출 시간을 1회째에는 '0.5분', 2회째에는 '0.5분', 3회째에는 '1분', 4회째에는 '1.5분'이다. 그 뒤부터는 매회마다 '0.5분'씩 시간을 늘린다.

냉침차는 침출 효율성이 낮기 때문에 '침출 시간'에 상대적으로 둔감하다. 따라서 침출 시간을 '분'이 아니라 '시간' 단위로 할 것을 권장한다. 예를 들면, 밀향 홍차와 같은 조형의 차는 적어도 4시간 이상 냉침한다. 동정우롱차와 같은 구형의 차는 8시간 이상 냉침한다.

참고 : 위에서 소개한 차를 우리는 방법은 초보자를 위한 것이다. 차를 우리는 데 더 많은 경험이 있고, 또한 각 차의 특성에 대해 잘 알고 있다면, 이를 바탕으로 매회 침출 시간을 +/-10초 정도 조정하여 자신에게 가장 맛있다고 생각되는 차를 우리기 위해 노력하면 된다.

수온과 침출 시간

매회째 침출 시간

구형차
차에 물을 붓는 세기 : 강

1회째/1분
2회째/0.5분
3회째/1분
4회째/1.5분

우롱차
예 : 고산우롱차, 동정우롱차

조형차
차에 물을 붓는 세기 : 약

1회째/0.5분
2회째/0.5분
3회째/1분
4회째/1.5분

우롱차
예 : 동방미인차

우롱차
예 : 문산포종차

소엽종 홍차

녹차류

대엽종 홍차

85℃   90℃   95℃   100℃ **수온**

수질

차 한 잔은 100%의 물과 함께 찻잎에서 침출되는 향미성 물질로 구성되어 있다. 따라서 수질은 차의 맛과 향 등의 특성에 큰 영향을 주는 요소이다. 일반적으로 차를 우리는 데 수질은 pH값 6~6.5의 약산성인 것이 좋다.

pH값과 물의 경도(硬度)

차를 즐겨 마시는 차인들에 따르면, 산에서 나오는 샘물로 차를 우리면 향이 매우 좋고 찻빛이 맑을 뿐만 아니라 그 맛도 매우 달다고 한다. '다성(茶聖)'이라 불리는 육우(陸羽, ?~804)는 『다경(茶經)』에서 "차를 우리는 데 좋기로 첫 번째의 물은 샘이고, 그 다음이 하천, 우물의 순서"라고 기록하고 있다. 이와 같이 물의 성질인 수질이 과연 차의 특성에 얼마나 큰 영향을 주는 것일까? 오늘날에는 매우 다양한 종류의 물로써 차를 우려내고 있다. 수돗물을 필터로 걸러 낸 정수나 산의 샘터에서 길어 온 샘물이나 시중에서 페트병으로 판매되는 생수나 광천수 등이다. 일반적으로 가게에서 판매되는 페트병의 생수는 법규에 따라 물의 pH값과 각종 미네랄 함유량을 반드시 표기해야 한다. 이러한 수질의 특성에 관한 표기는 수질이 차를 우려내는 데 주는 영향을 잘 이해하는 데 큰 도움이 된다.

pH값

pH값은 액체의 산성이나 알칼리성을 나타내는 것으로서 그 값의 범위는 0~14이다. 이때 pH값이 7이면 중성을, 7보다 높으면 알칼리성을, 7보다 낮으면 산성을 나타낸다. 일반 가정의 수돗물은 보통 pH값이 약 6.5~8이다. 그리고 찻물은 보통 pH값이 6으로 약산성이다. 보통 빗물의 pH값은 약 5, 식초는 약 3, 레몬즙은 약 2 정도 된다.

물의 경도(硬度)

일반적으로 물속에는 미네랄 성분들이 이온화되어 풍부하게 들어 있다. 예를 들면, 칼슘(Ca), 마그네슘(Mg), 칼륨(K), 나트륨(Na), 철(Fe) 등이다. 그중에서도 칼슘과 마그네슘의 함유량이 가장 많고 물의 주요 특성에 큰 영향을 준다. 이때 물속에 함유된 모든 미네랄 성분들의 총량을 물의 '경도(硬度)'라고 한다. 그리고 이 총량이 많을수록 물의 경도도 높은 것이다.

과학 실험에서 수돗물, 역삼투압(Reverse Osmosis, RO)의 물, 페트병에 담긴 생수 등과 같이 다양한 수원의 물을 사용하여 문산포종차, 고산우롱차, 동정우롱차를 우린 뒤 '티 폴리페놀류', '테인', '테아닌'의 침출량을 각각 조사해 전문적인 평가를 실시하였다. 이는 수질과 차의 향미, 그리고 바디감의 관계를 이해하는 데 큰 도움을 줄 것이다.

실험에 사용된 된 물의 수질적 특성은 아래의 표로 정리하였다. 그리고 실험의 결론은 오른쪽 페이지에 소개하였다.

수질	pH값	전도도 EC (μS / cm)	총경도 (mg / L)	Ca (mg / L)	Mg (mg / L)	K (mg / L)	Na (mg / L)	Fe (mg / L)
광천수 1	7.04	211	78	18.9	7.56	1.35	5.63	0.031
광천수 2	7.20	145	44	10.8	4.05	1.05	9.39	0.018
생수	6.05	8.77	3.7	1.11	0.22	0.40	0.94	0.018
광천수 3	7.16	149	45	11.0	4.21	0.94	9.35	0.021
광천수 4	6.39	27.4	8.9	2.43	0.69	0.43	1.83	0.026
수돗물	7.88	215	82	21.9	6.54	1.97	6.00	0.037
역삼투압수	6.05	1.25	1.9	0.54	0.14	0.48	0.34	0.065

대만차(臺灣茶)의 이해

1. pH값이 서로 다른 물들은 찻잎의 침출 실험을 거치면 최종 pH값이 6 정도의 약산성을 띤다. 처음부터 pH값이 낮은 물로 찻잎을 우리면 그 찻물의 pH값이 더 낮아져 산성을 띤다.

2. pH값이 비교적 낮은 물, 즉 역삼투압수(RO수), 페트병에 담긴 생수나 광천수 4로 우려낸 차의 찻빛은 비교적 밝다. 이 찻빛과 투명도는 곧바로 차 상품의 품질을 결정하는 중요한 요소이다.

3. 카테킨의 침출 부분에서는 문산포종차, 고산우롱차, 동정우롱차의 세 종류의 차에서 pH값 6의 역삼투압차에서 모두 카테킨이 고농도로 우러나왔다. 반면 pH값 7의 수돗물로 우렸을 경우에는 세 종류의 차에서 카테킨의 농도가 가장 낮게 우러나서 큰 대조를 보였다.

4. 테인과 테아닌은 pH값에 따라 침출되는 양에서 큰 차이가 없다. 즉 pH값과 큰 연관성이 없는 것이다.

5. 관능 평가의 결과에서는 pH값의 높고 낮음과 관능 평가의 우열성 사이에 절대적인 연관성을 찾아볼 수 없었다.

6. 수질보다 수온이 차의 향미 성분이 침출되는 데 더 큰 영향을 주는 요소이다. 수온이 상승함에 따라 침출 효율성도 현저히 높아진다.

참고 문헌 출처:
茶業改良場 茶葉彙報 31期「水質及水溫對茶湯品質及化學成分之影響」

TEA NOTES

수질

한 잔의 차는 100%의 물과 찻잎에서 침출된 향미성 성분으로 구성되어 있다. 이때 수질은 차의 맛과 향에 큰 영향을 준다. 그리고 물의 경도도 물의 pH값에 영향을 주면서 찻빛에 큰 영향을 준다. 또한 물의 경도는 찻잎에 든 향미성의 수용성 성분들이 우러나오는 데 큰 영향을 주고, 결과적으로 차의 맛에도 영향을 주는 것이다.

일반적으로 pH값 6~6.5인 약산성의 물이 차를 우리는 데 가장 적당하다. 이 약산성 pH값의 물로 우린 찻물은 pH값이 7인 중성의 물로 우린 경우보다 색상이 더 밝고 카테킨류의 침출 효율성도 더 높다. 다만 차를 우릴 때 수온이 적당히 조절되어야 한다. 한편, pH값이 낮은 연수(단물)에는 다른 성분들이 적게 함유되어 있기 때문에 찻잎에 함유된 수용성 성분들의 침출성이 비교적 높아서 차의 맛이 진하다. 그런데 경수(센물)에는 칼슘과 마그네슘과 같은 미네랄 성분들이 이온의 형태로 함유되어 있기 때문에 찻잎에 든 성분들의 침출성이 낮아 차의 맛이 비교적 연하다.

또한 관능 평가 결과에 따르면, 관능적 특성과 수질 pH는 상호 연관성이 있다고 말할 수는 없다. 그러나 차를 마시면서 갖는 감각은 색, 향, 맛, 바디감 등이 서로 융합된 전체적인 느낌이다. 결국 수질에 따라 침출된 차의 맛이 약간씩 달리 나타나고, 이를 즐기는 취향도 사람마다 다르며, 물을 길어 올리는 재미와 맛을 보는 행위도 큰 즐거움을 더해 준다.

한편 '수질'이라는 다소 불확실한 침출 조건에 비하여, 수온과 침출 시간은 차를 우리는 데 상당히 큰 영향을 주는 침출 조건이다. 따라서 일반인들이 굳이 전문지식이 없더라도 수온과 침출 시간만이라도 적당히 지킨다면, 일반 가정의 수돗물로도 맛있는 차를 우려낼 수 있을 것이다.

끝으로 차를 오랫동안 즐기는 사람이 만약 추천하는 샘물이 있다면, 그 샘터를 찾아가서 물을 길어 올려 우려내 마시는 것도 좋다. 산의 샘터에서 길어 올린 샘물로 차를 우리면 신선하면서도 감칠맛이 넘치는 차를 즐길 수 있을 뿐만 아니라, 또한 산을 오르면서 피톤치드의 향도 만끽하면서 생활의 큰 즐거움과 함께 마음의 건강도 얻을 수 있을 것이다.

찻잎과 물의 비율

커피는 '1회성으로 침출하여' 마시지만, 차는 '여러 회에 걸쳐 침출하여' 마신다. 습관적으로나 문화적으로나 그렇게 발전하였다. 이와 같이 커피와 차는 침출하는 방식이 비록 다르지만, 우리 입안의 미뢰에서 느끼는 감각의 메커니즘은 거의 비슷하다.

투차량과 차의 농도

한 잔의 차라도 싱겁게 우리면 맛이 없고, 너무 진하게 우리면 과도한 쓴맛으로 인해 차를 마시는 일도 관심사에서 멀어진다. 따라서 차를 우리는 농도는 적절한 것이 무엇보다도 중요하다. 이는 우리가 차를 우릴 줄 알든지, 모르든지 간에 상식적으로 알고 있다. 그러나 일반적으로 사람들은 차를 우려내는 첫 단계, 즉 손에 있는 찻주전자나 찻잔에 찻잎의 양을 얼마나 넣어야 하는지에 대한 전문 지식과 자신감이 없기 때문에 그때그때 기분이나 직관에 따라 넣는 경우가 많다.

커피의 '1회성 침출'과는 달리 차는 일반적으로 여러 회에 걸쳐 침출한다. 그러나 차와 커피의 침출 방식은 서로 다르지만, 사람이 입안의 미뢰를 통해 맛이 강하다거나 싱겁다거나 하는 감각의 메커니즘은 같다. 따라서 1회성으로 침출할 경우에 '농도 비율'을 고려하는 것과 같이 '차의 양(g)'도 기본적인 관념으로 정립한다면 차를 우리는 일이 비교적 편리하다. 왜냐하면 다음에 차를 우릴 때 찻주전자와 찻잔의 '용적(mL)'에 상관없이도 차를 우릴 횟수 또는 우려내는 찻물의 총량(mL)을 예상한 뒤 적당량의 차를 그램(g) 단위로 넣는다면 차를 우리는 것이 비교적 쉬워질 것이다.

마시는 차의 농도, 예를 들면 1회성으로 침출할 때 '진한 차의 농도'에 대한 감은 매년 각 차구에서 열리는 차경연대회에서 침출 농도의 결과들을 참고할 수 있다. 그리고 '연한 농도'의 경우는 일반 티백의 그램(g) 수를 모방하여 참고하면 된다.

진한 농도비/ 찻잎 1g : 물 50mL

차의 경연대회에서 침출의 목적은 차를 일상적으로 마시는 경우보다 훨씬 더 높은 농도로 우려낸 뒤 차의 특성을 파악하기 위하여 관능 평가를 실시하는 것이다. 진한 농도의 찻물은 경연대회에 참가한 각 차의 향, 맛, 바디감의 장점과 단점을 증폭시켜서 심사위원들이 '모양, 색, 향, 맛'의 네 측면에서 관능 평가를 수행하는 데 큰 도움이 된다. 이른바 '모양'은 건조 차와 엽저(葉底)가 눈에 보이는 모양을 말한다. 이때 엽저는 차를 우려낸 뒤 잎이 펴진 촉촉한 찻잎을 말한다. 그리고 '색, 향, 맛'은 우러난 찻물의 특성이다. 색은 농도와 선명도, 향은 그 유형, 맛은 느낌이 연한지 부드러운지, 쓴맛, 단맛, 잡미가 있는지의 여부, 목 넘김이 부드러운지, 까칠한지 등을 판단한다.

경연대회에서 차를 침출할 때 사용하는 도구들은 국제 표준인 ISO3103-1980(E)에 따라 제작된 백자 재질의 테이스팅용 찻잔 세트이다. 테이스팅용 찻잔 세트는 150mL 용적의 심사용 차배와 용적 약 200mL의 심사용 개완으로 구성되어 있다. 또한 찻잎의 양과 침출 시간도 모두 국제 표준을 적용하고 있다. 테이스팅용 차배에 찻잎을 3g씩 넣고 끓는 물로 침출하는데, 차의 모양에 따라 각기 다른 추출 시간을 통일적으로 적용한다. 예를 들면, 가느다랗고 기다란 조형의 차는 '5분', 동그랗게 말린 구형의 차는 '6분' 등이다. 침출 시간이 종료되면 곧바로 모든 심사위원들에게 진한 농도의 차를 재빨리 나눠 준다. 그러면 차의 온도가 입에 맞을 정도로 적당히 내려가면 심사위원들이 관능 평가를 진행하여 최종 우승자를 선정하는 것이다.

국제 표준 ISO3103 - 1980 (E)의 테이스팅용 백자 찻잔 세트.

대만차(臺灣茶)의 이해

차를 경연대회에서 침출하는 조건		
침출 방법	구 형 차	조 형 차
투차량 g	3g	
찻잔 용적 mL	150mL	
물의 온도 (℃)	100 ℃	
침출 시간 (분)	6 분	5 분

연한 농도비/찻잎 1g : 물 100mL

20세기 초 미국의 차 도매업자인 토머스 설리번(Thomas Sullivan)은 1908년 각종 찻잎을 비단 주머니에 소분하여 고객들에게 테이스팅용으로 배송하였다. 본래 비단 주머니는 차를 소분하기 위해 담는 것이 목적이었지만, 그 내막을 모르는 고객들은 비단 주머니째로 차를 우렸고 그 디자인도 무척이나 마음에 들어 하였다. 티백은 이와 같이 우연한 상황 속에서 발명된 것이다. 그 뒤 차를 마시는 데 편리함을 가져다준 티백은 점차 원래의 찻주전자에서 우리는 방식을 대체하면서 오늘날에는 전 세계에서 차를 마시는 주류의 방식으로 자리를 잡았다. 현재 영국에서는 전체 소비 차의 약 85%를 티백이 차지하고 있다.

차를 마시는 데 편리함을 가져다주는 티백의 경우에는 비교적 연한 농도의 것이 주를 이루고 있다. 그리고 소비자들은 물의 양을 스스로 정하고 개인의 취향에 따라 농도와 맛을 조절할 수 있다. 대부분의 외국 브랜드 티백 홍차들은 찻잎의 등급이 주로 '브로큰(broken)'이다. 브로큰은 찻잎을 잘게 자른 등급에 속한다. 그리고 각 티백의 무게는 대부분 2~2.8g으로 설계되어 있다. 대만에서는 용적 300mL 머그잔을 기준으로 티백의 무게를 약 3g으로 설계되어 있다. 생산 단계에서부터 차의 농도가 찻잎 1g당 물 100mL의 연한 농도로 설계된다.

TEA NOTES

수온, 침출 시간, 그리고 찻잎과 물의 비율

1회성으로 침출할 때 찻잎과 물의 비율을 기반으로 여러 회에 걸쳐 우릴 경우에 필요한 찻잎의 양도 계산할 수 있다. 먼저 목표로 하는 차의 농도를 결정한 뒤 찻주전자의 용적(mL)과 침출 예상 횟수를 기준으로 찻잎의 적당량을 계산할 수 있다.

예를 들어 용적이 135mL인 찻주전자로 5회 침출할 것으로 전제하고, 차의 농도인 찻잎과 물의 비율 1g : 80mL로 한다면 총 필요한 물의 양은 약 135mL×5=675mL가 된다. 이것을 희망 농도인 80으로 나누면 675(mL)÷80(g/mL)=8.4375g으로 산출된다. 즉 찻잎 약 8.4g이 적정량인 것이다. 물론 차의 농도를 매회마다 유지하거나 차 맛의 변화를 맛있게 표현하려면 끊임없는 훈련이 필요하다. 여기서 중요한 내용은 차의 농도, 즉 찻잎과 물의 비율에 따라 찻주전자를 사용해 차를 우리는 첫 단계는 바로 눈어림이나 직관에 의한 것이 아니라 계산에 따라 찻잎의 양을 먼저 도출하는 것이다. 그리고 찻잎 자체도 물의 일부를 흡수하여 잎이 펴지면서 향미 성분이 침출된다. 일반적으로 찻잎 1g은 물 약 4mL를 흡수하는데, 따라서 이 물은 찻잎에 함유되어 있기 때문에 우리가 마시지는 못한다.

찻잎 크기에 따른 차나무의 품종, 채엽 시기, 해발고도, 가공하는 차의 종류 등에 따라 서로 다른 '차의 특성'에 맞게 차의 농도를 결정하고 여기에 알맞은 찻잎의 양을 결정하는 것이다.

다음은 초보자를 위하여 차류별 '수온', '침출 시간', '찻잎과 물의 비율'에 관하여 포괄적으로 소개한다. 이러한 기준을 바탕으로 차를 우려내면서 각자에게 맞게 세부적으로 조정해 나가면 도움이 될 것이다.

수온, 침출 시간, 찻잎과 물의 비율

매회 침출 시간

구형차

차에 물을 붓는 세기 .. 강

1회째/1분
2회째/0.5분
3회째/1분
4회째/1.5분

우롱차
예 : 고산우롱차/동정우롱차
1g : 80mL

조형차

차에 물을 붓는 세기 .. 약

1회째/0.5분
2회째/0.5분
3회째/1분
4회째/1.5분

우롱차
예 : 동방미인차
1g : 80mL

우롱차
예 : 문산포종차
1g:80mL

녹차류
1g:80mL

대엽종 홍차
1g:100mL

소엽종 홍차
1g:80mL

85℃　　　90℃　　　95℃　　　100℃　　**수온**

차를 우리는 도구와
그 사용법

과학 실험은 차를 우려내는 객관적인 논리를 세우는 데 도움을 준다. 이러한 객관적인 논리는 우리가 일상생활 속에서 차를 자유롭게 우리는 데 기반을 제공해 준다.

각종 차류를 우리는 즐거움의 체험

침출에 대한 과학적인 논리는 여러 조건들을 고정한 상황에서 제공된 것이며, 단순히 변수와 반응 사이의 관계를 조사한 것이다. 그러나 차를 우리는 일은 사람으로 하여금 사유와 감수성을 갖게 한다. 이는 미묘하면서도 전면적인 생활의 풍미라 할 수 있다. 과학적인 실험을 통하여 객관적인 논리를 세우는 일은 자신에게도 유용할 뿐만 아니라 앞으로 생활 속에서 차를 운용하는 데 한 걸음 더 진보할 수 있도록 기초 논리를 제공하는 것이다. 소박하게 생활하면서 차를 쉽고 간단히 우려내 마시는 일은 어쩌면 이상적인 생활 속의 목표에 가깝다.

여기서는 차를 우리는 학습을 시작하거나 친구들과 논의하여 즐겁게 연습하면서 마시려는 사람들을 위해 몇몇 방법들을 소개한다.

뜨거운 차/공부호포(功夫壺泡)/Tea Pot, Hot Tea
현실 생활에서는 차를 마시는 자리인 '차석(茶席)'을 아름답게 보이도록 꾸미는 것도 중요하다. 색채와 선의 조화와 완정한 차석 또는 차회를 갖는 데 방해하는 요소들은 그야말로 수없이 많다. 그러나 먼저 다기들을 구비하는 단순한 일부터 차를 우리는 연습을 시작해 차를 마시다 보면 그 즐거움은 비할 데가 없다. 그러한 즐거움은 가면 갈수록 더욱더 깊어지고, 또한 차를 우리는 데 사용되는 정밀하게 선택된 다기들도 그 가치를 더해 간다.

●차를 우리는 권장 방법 : 여러 회 침출 / 135mL 차호 (茶壺) 의 예

차류	투차량(g)	물을 붓는 세기	수온	각 회차 때 침출 시간 (단위 : 분)
삼협벽라춘	7g , 기준 찻잎과 물의 비율을 1g : 80mL으로 4 회 침출 계획	미세하고 부드럽게	85-90(℃)	1 회째 : 0.5/2 회째 : 0.5 3 회째 : 1.0/4 회째 : 1.5
고산우롱, 철관음 등 구형 우롱차		강하게	100(℃)	1 회째 : 1.0/2 회째 : 0.5 3 회째 : 1.0/4 회째 : 1.5
문산포종차		중간 정도	95-100(℃)	1 회째 : 0.5/2 회째 : 0.5 3 회째 : 1.0/4 회째 : 1.5
동방미인차		미세하고 부드럽게	85-90(℃)	1 회째 : 0.5/2 회째 : 0.5 3 회째 : 1.0/4 회째 : 1.5
화련밀향홍차		미세하고 부드럽게	90-95(℃)	1 회째 : 0.5/2 회째 : 0.5 3 회째 : 1.0/4 회째 : 1.5

참고 1 : 침출 시간은 0.5분 단위로 하여 관찰한 것이며, 매회 차류를 우리는 시간은 매우 적정한 것으로 보인다.
참고 2 : 외관의 관계에서는 조형의 차와 구형의 차를 비교하여 우리기 쉽도록 하였다.
참고 3 : 대엽종차, 홍옥홍차, 아삼홍차의 찻잎과 물의 비율은 1g : 100mL로 하면 된다.

● **다기** | 차호(茶壺), 차배(茶杯)(찻잔), 받침, 모래시계, 차칙(茶則)(차덜개), 차협(茶夾)(집게), 차반(茶盤)(쟁반)

● **차호(茶壺) 선택** | 용적 100~150mL의 자기제 주전자, 도기제 주전자, 자사호 또는 개완

● **차를 우리는 과정**

1. 차호 예열

2. 차 우리기 : 찻잎 덜어 내기 → 찻잎 넣기 → 물 붓기 →
　　　　　　　대기 → 찻물 따르기, 이하의 순서를 반복한다.

단계 1. 예열

뜨거운 물로 차호를 1분 정도 예열한 뒤 물을 버린다.

단계 2. 찻잎 덜어 내기

차통을 돌리면서 부으면 찻잎이 차칙에 골고루 떨어진다.

단계 3. 찻잎 넣기

차협(茶夾)으로 찻잎을 차례로 차호에 밀어 떨어뜨린다.

단계 4. 물 붓기

단계 5. 대기

단계 6. 찻물 따르기

차의 특성에 따라 1회째 우릴 때 물의 붓는 강도를 사전에 파악한다. '구형의 차는 강하게, 가느다란 조형은 약하게'라는 말이 있다. 우리는 횟수가 늘어날 경우에도 4, 5, 6의 순서를 반복한다.

뜨거운 차/개완 또는 머그잔/Mug, Hot Tea.

찻잔이나 머그잔으로 차를 우리는 방법도 있다. 이는 특히 바빠서 격식을 차릴 여유가 없을 때 가장 선호하는 대표적인 방법이다. '찻잎 양(g)'의 비율을 잘 파악하면 찻잔 또는 머그잔에서도 쓴맛이 없고 감미로운 맛의 차를 얼마든지 우려낼 수 있다.

이렇게 자신 있게 말할 수 있는 이유는 무엇일까?

사실 그 비밀은 '시간이 지나면 점차 떨어지는 수온'에 담겨 있다. 찻잔과 머그잔 모두 고온을 유지하기 위한 뚜껑이 없기 때문에 오래 두었다고 하여도 차에서 지나치게 쓴맛이 날 우려가 없는 것이다. 온도가 계속 내려가는 찻물은 쓴맛 성분의 침출이 점차 줄어들고, 오히려 단맛의 성분인 테아닌과 진한 감칠맛의 성분인 당류가 침출되는 시간이 늘어나기 때문이다.

● 차를 우리는 권장 방법 : 1회성 침출 / 400mL 머그잔 기준

찻잎	찻잎양 (g)	물을 붓는세기	수온	침출 시간
소엽종 차	4g : 찻잎과 물의 비율 1g : 100mL	강하게	100도의 끓는물	5분 또는 그 이상
대엽종 차	3g : 찻잎과 물의 비율 1g : 133mL			

● **다기** | 찻잔 또는 머그잔

● **차를 우리는 과정**

찻잎 덜어 내기 → 찻잎 또는 티백 넣기 → 물 붓기 → 대기 → 찻물 따르기,
찻잎이 펴지면 자연히 바닥에 가라앉기 때문에 차를 곧바로 마실 수 있다.

단계 1. 찻잎 덜어 내기
적당량의 찻잎 또는
티백을 꺼낸다.

단계 2. 찻잎 또는 티백 넣기
적당량의 찻잎 또는
티백 1개를 넣는다.

단계 3. 물 붓기
끓는 물을 붓고 찻잎이나
티백을 머그잔 속에서 휘젓는다.

아이스티/Tea Pot, Iced Tea/온 더 록

아이스티를 만드는 방법의 원리는 먼저 고농도의 뜨거운 차를 우려낸 뒤 얼음을 사용하여 뜨겁고 진한 차를 식히는 동시에 입맛에도 맞게 농도를 희석하는 것이다. 미리 며칠 동안 얼음 덩어리를 잘 얼려 둔 뒤 용적이 적당하고 외형이 간단한 유리잔에 넣고, 여기에 진하게 우린 차를 약간 식힌 뒤에 그 얼음 덩어리 위로 붓는다. 그리고 혼자 조용히 차를 마시면서 즐긴다. 며칠 동안 얼린 얼음은 식감이 단단하고 녹는 속도도 느리기 때문에 차의 맛과 향을 천천히 음미할 수 있다. 차를 마시면서 마치 위스키를 마시는 즐거움을 느낄 수 있다.

대만차(臺灣茶)의 이해

● 차를 우리는 권장 방법 : 여러 회 침출 / 135mL 차호 기준

찻잎	찻잎 양 (g)	물을 붓는 세기	수온	침출 시간 (분)
조형 차	7g 기준 , 찻잎과 물의 비율 1g : 60mL 3 회 침출	강하게	100 도의 끓는 물	1회째 : 1분 2회째 : 1분 3회째 : 2분
구형 차				1회째 : 1.5분 2회째 : 1분 3회째 : 2분

● **다기** ㅣ 차호, 유리잔, 받침, 모래시계, 차칙, 차협, 차반(쟁반)

● **차를 우리는 순서**

1. 차호 예열

2. 차 우리는 과정 : 찻잎 덜어 내기 → 찻잎 넣기 → 물 붓기 및 대기 → 우려내기 → 찻잎 휘젓기, 이하의 순서를 반복한다.

단계 1. 예열
차호를 1분 정도 예열한 뒤
물을 쏟아 버린다.

단계 2. 찻잎 덜어 내기
차통을 돌리면서 부으면 찻잎이
골고루 차칙에 떨어진다.

단계 3. 찻잎 넣기
차협으로 찻잎을 차례로 주전자에
밀어 떨어뜨린다.

단계 4. 물을 붓고 기다리기
조형, 구형에 상관없이 찻잎에 물을
강하게 붓는다.

단계 5. 찻물 따르기
따뜻한 차를 얼음 덩어리 위로
붓는다.

단계 6. 찻잎 휘젓기
찻잎을 골고루 퍼지게 해 열을
식히면 맛이 한결 더 훌륭해진다.

2회째, 3회째 침출할 경우에도 4, 5, 6의 순서를 반복한다.

대만차(臺灣茶)의 이해

아이스티, 냉침차/Bottle, Cold Brew Tea

냉침차는 준비하기도 간단하고 그 맛과 향이 상쾌하고 달콤하면서 시원하다. '4도 온도의 냉장'은 아이스티를 달콤하면서 상쾌하게 만드는 비결이다. 냉장의 낮은 수온은 찻잎에서 '티 폴리페놀류'와 '테인'이 극도로 약하게 침출되도록 하지만, 저온에서의 침출 장벽이 없는 단맛의 '테아닌'은 대량으로 침출된다. 따라서 냉침차는 '찻잎과 물의 비율'만 유의하면, 맛과 향이 훌륭한 차를 만들 수 있는 하나의 방법이다.

● 차를 우리는 권장 방법 : 1회성 침출 / 400mL 냉침 차병 기준

찻잎	찻잎의 양 (g)	수온	침출 시간
찻잎 양과 우리는 법	3g 기준 , 찻잎과 물의 비율 1g : 133mL	상온	4-8시간

● 다기 ㅣ 냉침 차병
● 차를 우리는 과정 ㅣ 찻잎 또는 티백 넣기 → 찬물 붓기 → 냉장고에 보관

단계 1. 찻잎 넣기
적당량의 찻잎 또는
티백 1개를 넣는다.

단계 2. 물 붓기
상온(실온)의 물이나 냉수를 붓는다.

다양한 음료의 차/아이스 밀크티/Iced Milk Tea

크리머를 사용하지 않고 찻잎과 신선한 우유만으로도 맛있는 밀크 티를 만들 수 있을까? 물론 그렇다. 우리가 찻잎을 올바르게 선택하고, 물에 대한 찻잎 양의 비율을 높이면서 우유와 당의 비율을 적당히 조절한다면 충분히 가능하다.

차를 고를 때는 산화도나 로스팅 정도가 높은 것을 선택한다. 홍옥홍차, 아삼홍차 등 여름과 가을에 생산되는 대엽종의 차를 사용하는 것이 좋다. 또는 대동홍우롱, 철관음, 동정우롱 등의 산화도나 로스팅 정도가 약간 높은 것이 좋다. 이는 앞서 언급한 찻잎의 쓰고 떫은맛 성분의 함유량이나 산화 과정에서 발생하는 찻물의 색상과 맛이 모두 강렬한 차이기 때문이다. 또한 모든 차류의 가루차도 사용에 적합하다. 차를 올바르게 선택하면 향긋한 밀크 티를 만드는 데 성공할 가능성이 높다.

● 차를 우리는 권장 방법 : 1회성 침출 / 450mL 유리잔 기준

찻잎	찻잎의 양 (g) / 침출 시간	설탕물 (시럽)	얼음 덩어리	신선한 우유
향미가 강한 차엽	6g 기준, 찻잎과 물의 비 1g : 25mL, 침출 시간 5 분이상	25mL 시럽의 제조 비율 설탕 : 물 =1:1	개인 취향에 따라 적당량 으로 넣을 수 있다.	100mL 개인 취향에 따라 적당 량으로 넣을 수 있다.
가루차	약 4-5g			

● **다기** | 150mL 기준, 차호나 입구가 넓은 찻잔, 차선(茶筅), 얼음 잔

● **차를 우리는 과정** | 찻잎을 진하게 우리거나 가루차를 차선으로 빠르게 휘젓는다.

● **만드는 과정** | 재료 준비 → 차선으로 휘젓기 → 시럽 붓기 → 진하게 우린 차를 붓고 고르게 섞기 → 신선한 우유와 생크림 붓기

단계 1. 재료 준비
가루차 및 제반 재료를 준비한다.

단계 2. 차 섞기
가루차를 W자형 차선으로
빠르게 휘젓는다.

단계 3. 시럽 넣기
시럽을 얼음 잔에 따른다.

단계 4. 진하게 우린 차를 붓기
진하게 우린 차를 부은 뒤
시럽과 골고루 섞는다.

단계 5. 신선한 우유 붓기
시럽을 함유한 진한 농도의 차는 비중이 비교적 높기 때문에
바닥에 가라앉는다. 여기에 생크림과 우유를 넣으면
층이 나뉘면서 시각적으로 아름다운 효과를 볼 수 있다.

다양한 음료의 차/냉과일차/Iced Fruit Tea

맛이 좋은 한 잔의 과일차를 만들기 위해 가장 주의해야 할 점은 차의 농도
를 높이는 일이다. 이때 차의 종류는 자유롭게 선택할 수 있다. 진하게 우린
차의 향미 성분에 시럽과 과일즙을 적당한 비율로 넣으면 맛있는 과일차 한
잔을 만들 수 있다.

● 차를 우리는 권장 방법 : 450mL 유리잔 기준

찻잎	찻잎의 양(g) /침출 시간	시럽	얼음 덩어리	과즙
모든 차류	6g기준, 찻잎과 물의 비 1g : 25mL, 침출 시간 5 분이상	30mL 설탕 : 물 =1:1 로 끓인다.	취향에 따라 적당량으로 넣을 수 있다.	취향에 따라 적당량으로 넣을 수 있다.

● **다기 ㅣ** 150mL 찻주전자

● **차를 우리는 과정 ㅣ** 차를 아주 진한 농도로 우린다.

● **만드는 과정 ㅣ** 재료 준비 → 찻잎 넣기 → 차 우리기 → 시럽 붓기 → 진하게 우린 차 붓기 → 과즙 붓기

단계 1. 준비 재료
찻잎과 관련 물품을 준비한다.

단계 2. 찻잎 넣기
찻잎을 약간 많이 준비한다.

단계 3. 뜨거운 물 붓기
찻잎을 진하게 우려내기 위하여
물을 강한 세기로 붓는다.

단계 4. 시럽 붓기
유리컵에 든 얼음 위로
시럽을 붓는다.

단계 5. 차 붓기
뜨겁고 진하게 우린 차를
얼음 위로 붓고 식힌다.

단계 6. 과즙 붓기
개인의 취향에 따라
과즙을 얼음 위로 붓는다.

A Sense
of Taste,
A Cup of Tea.

차의 음미와
향미의 묘사 방법

우리는 차의 향미를 논의할 때 항상 '향미(flavor)'를 '향', '맛', '식감'의
각 부분으로 세분화하여 평가하고 묘사한다.

차를 음미하고 향미를 묘사하는 방법

모든 찻잎에서 잎맥의 선들을 자세히 살펴보면, '찻잎은 많은 사랑으로 이어져 있다'는 것을 알 수 있다. 훌륭한 차 한 잔은 여러 단계의 노력을 거쳐야 비로소 이루어질 수 있다는 것을 암시하는 듯하다. 확실히 찻잎의 맛과 향의 성분들은 먼저 하늘과 땅 사이의 차나무에서 형성되었고, 식물을 재배하는 사람들의 사랑과 보살핌이 깃든 것이다. 그 뒤 이러한 성분들은 차를 가공하는 과정에서 점점 짙고 매력적인 색채와 향기를 생성시킨다. 그러기 위해서는 차를 만드는 사람에게 정성과 인내심이 필요하다. 이러한 과정으로 최종적으로 생산된 차는 마시는 사람들도 세심하게 우려내고 음미해야 비로소 하늘과 땅, 그리고 사람 사이에서 탄생한 감로의 향미를 느낄 수 있다.

그런데 우리가 한 잔의 차를 마시고 무언가를 느낄 때 그 느낌을 어떻게 표현해야 할 것인가? 이를 위해서는 수많은 훈련들이 필요하다. 먼저 '향미(flavor)'를 '향', '맛', '식감', '바디감' 등과 같은 여러 부분으로 세분화하여 코를 통해 향을 식별하고, 혀의 미뢰를 통해 맛을 느끼고, 입안의 피부를 통해 식감이나 바디감을 느낀다. 이와 같이 향미를 묘사하는 방법은 차뿐만 아니라 그 밖의 양조 음료나 음식에도 동일하게 적용할 수 있다.

향(aroma)

세상의 모든 향은 결코 하나의 냄새 요소로 구성되어 있지 않다. 모든 향은 실제로 여러 다른 종류의 향을 내는 성분들이 함께 융합된 결과이다. 예를 들면, 장미꽃에서도 리치, 꿀, 건토마토 등의 향도 맡을 수 있는 것이다. 따라서 차의 향을 묘사하는 경우에도 여러 다른 향들을 동원하여 그 느낌을 보다 더 구체적으로 표현할 수 있는 것이다.

향의 특성상 차의 산화도나 로스팅 정도는 향을 표현하는 데 거의 절대적인 영향을 준다. 따라서 차의 산화도와 로스팅의 세기에 따라 차의 향도 다양한 카테고리로 세분화된다.

대만차(臺灣茶)의 이해

찻잎의 로스팅 정도

로스팅은 차의 특성에 비가역적인 변화를 일으킨다.
즉, 초콜릿 풍미로 로스팅한 뒤에는 다시는 더 이상
견과류의 고소한 풍미나 모차의 기본 풍미로 되돌아갈 수
없는 것이다. 그런데 로스팅의 세기가 강할수록 향의 세기도
강해지는 특성이 있다.

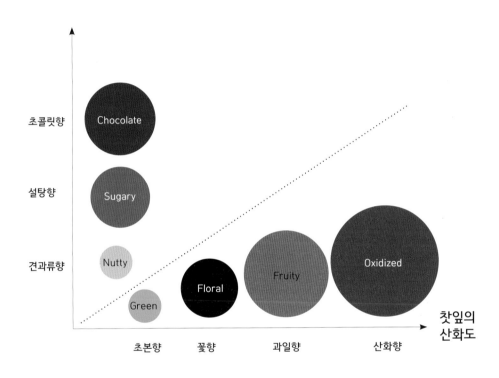

산화 과정도 찻잎의 특성에 비가역적인 변화
를 일으키기는 마찬가지이다. 즉, 찻잎의 향이
과일향으로 변화된 뒤에는 초본향으로 다시는
돌아갈 수 없다. 산화도가 강할수록 그 과일향
의 농도도 점점 더 강해진다.

전체적인 맛/자미(滋味)

입안의 감각 기관인 미뢰는 주로 혀와 볼 안쪽에 분포한다. 이 미뢰는 신맛, 단맛, 쓴맛, 짠맛의 네 가지 기본적인 맛을 느낄 수 있다. 우리는 맛을 인식하고 표현할 수 있지만, 무가당 차에서는 단맛을 어떻게 느낄 수 있는 것일까? 사실, 우리의 혀는 맛을 인식하는 영역이 골고루 퍼져 있지만, 상대적으로 민감한 미뢰 영역도 있다.

예를 들면, 혀끝의 미뢰는 '단맛'에 상대적으로 더 민감하다. 혀끝의 미뢰가 단맛을 느끼면 자연스레 침이 생성되면서 타액 반응을 일으킨다. 혀뿌리의 미뢰는 '쓴맛'에 대해 상대적으로 민감하기 때문에 한약을 마실 때마다 쓴맛을 그곳에서 강하게 느낀다. 그로 인하여 사람들이 쓴맛을 덜어 주기 위하여 자두 사탕을 입에 넣어 머금고 싶은 부분도 바로 혀뿌리 부분이다. '신맛'의 경우에는 혀뿌리 양쪽 가장자리의 미뢰가 신맛에 대한 감수성이 비교적 강하다. 만약 매실을 입안에 넣었다고 상상력을 발휘하면 아마도 그쪽에서 침이 나올 것이다. '짠맛'은 대부분의 사람들이 그 맛을 인지하는 감각이 약하다. 이 감각을 훈련시키기 위해서는 입안에 약간의 소금을 넣고 천천히 혀끝 양쪽으로 이동시켜 감각을 반복적으로 단련시키는 것도 좋은 방법이다.

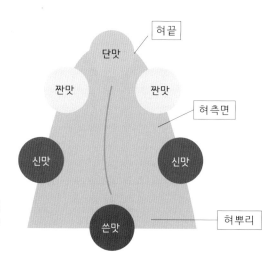

혀의 미뢰 인식 영역은 골고루 퍼져 있지만, 각기 단맛, 신맛, 쓴맛 및 짠맛을 상대적으로 더 잘 느끼는 부위도 있다.

대만차(臺灣茶)의 이해

구감(口感)/마우스필(mouthfeel)

구감(口感) 또는 마우스필(mouthfeel)은 입안에서 느끼는 촉감이다. 우리가 흔히 알고 있는 떫은맛은 사실 '맛'이 아니라 '입안의 촉감'이다. 그렇다면 이러한 떫은 감각은 과연 어떻게 묘사할 수 있을까? 와인을 다소 경험한 뒤 차를 마시는 일에 흠뻑 빠진 사람들은 떫은맛이 입안 상피에 지는 '주름감' 또는 '수렴감'이라는 사실을 안다. 이는 입안의 상피가 '건조하거나 까칠까칠하다'는 것을 뜻한다. 한 잔의 차에 든 티 폴리페놀류인 카테킨류는 떫은맛을 유발하는 주요 성분이다. 그런데 차의 맛은 티 폴리페놀류로 인한 떫은 느낌 외에도 차나무의 테루아, 가공 과정 등에 따라 함유된 수용성 성분의 비율들과 조성들이 모두 다르기 때문에 다양한 맛들도 느낄 수 있다. 즉 신선함, 비단같이 부드러운 느낌, 달콤함, 투박함, 발랄함, 농후함, 웅장함 등을 종합적으로 느낄 수 있는 것이다.

X 인자

차 향미의 묘사는 내면의 느낌을 가장 표현하기가 어렵고, 또한 사람마다 다를 수 있다. 그 이유는 마시는 사람마다 성장 환경, 개성, 경험, 취향, 정서가 모두 다르고, 차를 함께 마시는 사람, 주위 환경, 햇빛, 기온 등도 향미의 묘사에 영향을 줄 수 있기 때문이다. 따라서 다음과 같이 네 부분의 감각을 통합하면 향미도 잘 묘사할 수 있다.

향미(Flavor) = 향(aroma) + 자미(taste) + 구감(mouthfeel) + X 인자

향미를 묘사한 이 공식을 마음속 깊이 새겨 두면 차나 다양한 양조 음료의 전체적인 향미를 묘사하는 데 큰 도움이 될 것이다.

차의 운치

차의 구입과 보관

Fresh Tea or Aged Tea?
Buying and Storing Tea.

우리가 맛볼 수 있는 차의 운치는 하늘과 땅이 준비하고 그 가공 과정에서 갓 생긴 신선한 운치일 수도 있고, 수십 년 동안 보관하여 성숙된 운치일 수도 있다. 물론 차 애호가들은 그 양이 희소하고 오래되어 성숙된 차에 매료되지만, 사실 신선한 차를 구입해 마시는 것도 차를 즐기면서 생활하는 데 꼭 필요하다. 따라서 '신선한 차를 마시는 일'과 '오래 숙성된 차를 마시는 일'을 하려면 모두 차를 구입하고 저장하는 방법에 대해서도 잘 알고 있어야 한다.

찻잎의 외관이 모두 비슷하면 어떤 차를 선택해야 하는가? 건조 식품에 속하는 차는 신선한 채소와 과일처럼 꼭 챙겨 먹어야 하는 음식은 아니다. 그러나 차를 구입한 뒤 어떻게 보관해야 가장 맛있는 상태로 즐길 수 있는지에 대한 방법은 꼭 알고 있어야 한다. 이는 차를 즐기는 사람들이라면 반드시 알아야 할 기초 지식이기 때문이다.

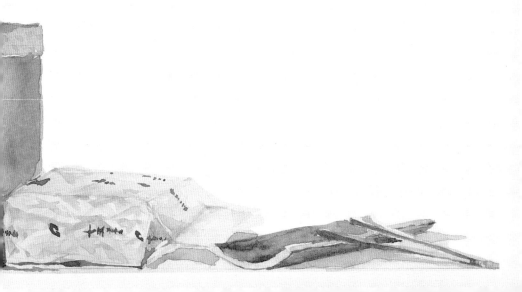

Practices
before
Buying Tea.

차를 구입하기 위한 훈련

찻잎에 대한 객관적인 지식을 갖추고 차의 특성을 판단할 수 있다면 차에 대한 자신의 취향을 표현하는 일이 더 이상 어렵지는 않을 것이다. 또한 차에 대한 확실한 인식을 갖추고 마실 수 있는 것이다.

시각, 후각, 미각에 의거해 차를 구입하기

"이 차는 경연대회에서 우승한 차야, 이 지역의 차는 정말 맛있어!"라는 말을 차를 마시는 사람들로부터 자주 듣는다. 그러면 그 차는 왜 맛있냐고 물으면 대개는 "음, 맛이 부드럽고 쓴맛이 나지 않는 것 같아… 잘은 모르지만 차를 선물한 사람이 그 차는 경연대회 우승차이고 유기농차라고 말했거든…"라는 답변이 돌아오곤 한다. 그런데 그 친구에게 커피에 대하여 "어느 커피숍의 커피가 맛있어?"라고 물으면 대개 답변은 이렇다. "원두의 원산지는 어디이고, 로스팅의 세기도 딱 내 취향이고, 맛은 달콤하고 쓸쓸하지 않고, 테루아의 발랄한 과일 향미가 있어."

차와 커피를 대하는 사람들의 태도와 자신감, 그리고 경험치가 왜 이렇게 차이가 나는가? 커피의 경우에는 맛이 있는지, 없는지를 미각으로 느끼고, 그 느낌도 커피에 관한 지식으로 이해하는 반면에 차는 맛이 있는지, 없는지를 사람들로부터 물어서 알아본다는 것은 어찌된 일인가? 언젠가는 우리도 차에 관한 지식을 오늘날 커피의 수준으로 발전시킨다면 차를 즐기는 생활상도 보다 더 풍요로워지지 않을까? 찻집이 이 시대의 커피숍처럼 골목골목마다 넘쳐나 다시 한번 차의 르네상스가 도래하길 기대해 본다.

사실 차는 여느 음료와 마찬가지로 기호품으로서 사람마다 그 취향이 각양각색이다. 한 사람에게는 취향에 맞지만, 다른 사람에게는 취향에 맞지 않을 수도 있다. 따라서 '경연대회 우승차'라는 것도 절대적인 것이 아니다. 이러한 차의 특성을 감안할 때, 우리는 차를 마실 때 자신의 취향과 느낌도 좀더 확연히 표현할 필요가 있다. 사실 취향은 사람에 따라 다른 주관적인 것이지만, 여기에 찻잎의 객관적인 지식과 판단이 가미되면 취향도 보다 설득력이 있게 표현할 수 있기 때문에 차를 권하거나 마시는 사람들도 차를 보다더 자신감 있게 즐길 수 있는 것이다. 차를 마실 때 시각, 후각, 미각의 평가를 통해 객관성을 지니고 특성을 판별할 수 있다면, 차를 구입할 경우에도 변별력을 갖출 수 있을 것이다.

여기서는 차에 대한 시각적, 후각적, 미각적인 관찰과 함께 수년 동안 차를 구입하면서 경험하였던 방법들을 요약하여 소개한다. 이를 바탕으로 사람들마다 자신이 좋아하는 차를 제대로 구입하여 즐겁고 아름다운 생활을 누릴 수 있기를 기대해 본다.

시각적 관찰

건조 찻잎, 찻빛, 우린 찻잎의 모양을 눈으로 유심히 관찰해 보면 차의 상태와 품질을 판별할 수 있다.

관찰 1. 어린잎과 노엽

찻잎을 따서 만든 녹차나 산화도가 약한 우롱차는 조형이든지, 구형이든지 간에 그 모양과는 상관없이 어린잎은 짙은 검은색을 띠고, 성숙한 찻잎은 검푸른색이나 흑녹색을 띠고, 오래된 노엽은 황록색을 띤다. 그리고 찻잎 줄기는 연갈색을 띤다.

새싹으로 가느다랗고 꾸불꾸불한 조형의 녹차나 약한 산화도의 우롱차를 만들 경우에는 찻잎을 휘말고 비트는 가공이 가해진다. 이때 건조한 조형의 차에서는 비교적 휘마는 힘이 약하기 때문에 새싹에 여전히 하얀 잔털이 잔존하고 있다. 따라서 하얀색의 새싹들을 간간이 볼 수 있다. 반면 산화도가 약한 구형의 우롱차는 예를 들면 고산우롱차의 경우에는 구형으로 돌돌 말아야 하기 때문에 휘말고 비트는 힘이 강하게 가해져 새싹에서 하얀 잔털이 빠지게 된다. 그러면 건조 차에서 새싹은 검은색으로 변한다. 결국 차를 구입할 때 찻잎의 전체적인 색상과 함께 새싹 또는 어린잎과 노엽의 함유비는 그 품질과 구입 가격을 판별할 수 있는 하나의 기준이 될 수 있다.

차지(茶枝)
: 찻잎 줄기

눈아(嫩芽)
: 새싹

노엽(老葉)
: 오래된 찻잎

성숙엽(成熟葉)
: 성숙한 찻잎

눈아(嫩芽)

눈엽(嫩葉)
: 어린잎

약간 성숙한 찻잎

227

어린잎이나 새싹의 함유 비율이 높은 차는 가격이 자연스럽게 높아진다. 이는 그러한 잎을 따는 작업의 효율과 투입되는 인력을 생각해 보면 금방 이해할 수 있다. 그러나 차의 품질과 향미는 새싹이나 어린잎이 전적으로 보증하는 것이 아니기 때문에 차의 유형과 강조되는 향미의 특성에 따라 판단해야 한다. 예를 들면, 동방미인차를 제외한 대부분의 우롱차류는 비교적 성숙한 찻잎을 따서 가공해야 비로소 감칠맛이 나고 부드러운 맛도 낼 수 있다. 또한 지나치게 성숙한 노엽과 줄기는 맛의 성분이 적기 때문에 이것들의 함유비가 높으면 차의 품질에 안 좋은 영향을 줄 수 있다. 따라서 차의 정제 단계에서 그러한 것들을 적당히 골라내야 최종적으로 차의 품질을 확보할 수 있는 것이다.

한편, 동방미인차의 경우에는 새싹부터 일엽, 이엽은 건조 과정에서 색상이 변화한다. 그로 인하여 동방미인차는 '오색차(五色茶)'라고도 한다. 이러한 특성으로 동방미인차는 채엽의 기준이 되는 우롱차이다. 일반적으로는 어린잎과 새싹의 함유비가 높을수록 품질이 좋아지고 차의 가격도 높아진다.

이엽 : 갈색

눈아(嫩芽) : 흰색

성숙엽 : 황색
또는 녹색

일엽·어린잎 : 검은색

대만차(臺灣茶)의 이해

관찰 2. 수작업 채엽과 기계 채엽

시각적으로 보면, 찻잎 줄기의 존재 여부를 관찰할 수 있다. 찻잎이 뭉친 크기는 손으로 찻잎을 딴 것인지, 기계로 찻잎을 딴 것인지를 판별할 수 있는 기초적인 단서이다. 기계로 딴 찻잎은 보통 차를 만드는 두 번째 단계인 정제 과정에서 기계로 찻잎의 줄기를 골라내는 과정이 있기 때문에 뭉친 찻잎의 크기가 일반적으로 작고 찻잎 줄기도 거의 없는 편이다.

기계로 딴 찻잎

수작업으로 딴 찻잎

관찰 3. 찻잎의 산화도

각기 다른 산화도로 완성된 차의 색상에서 녹차와 경미발효의 우롱차는 녹색 계열에 속하고, 산화도가 높을수록 찻잎의 색상도 점점 더 짙어진다. 찻빛에서도 산화도가 높아지면 연녹색에서부터 녹색, 노란색, 황금색, 주황색, 진홍색으로 점차 변한다. 또한 찻빛이 맑고 투명한 차는 그 향미도 매우 훌륭하다. 만약 구입하려는 차가 뜨거운 물에 우렸을 때 맑지 못하고 탁하면, 차의 가공 과정에 결함이 있다는 것을 의미하기 때문에 구입하지 않는 것이 좋다.

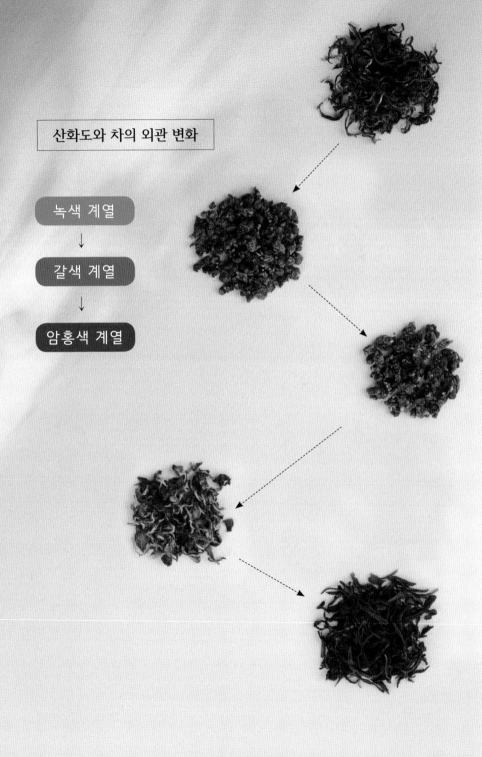

산화도와 차의 외관 변화

녹색 계열
↓
갈색 계열
↓
암홍색 계열

산화도와 찻빛의 외관 변화

녹색

↓

연한 황록색

↓

금황색

↓

주황색

↓

홍색

관찰 4. 차의 로스팅 정도

로스팅(홍배) 정도가 깊어지면 차의 색상도 본래의 색이나 녹색 계열에서 베이지색, 갈색 계열로 점차 바뀌고, 로스팅 정도가 가장 센 정도에 이르면 윤기가 도는 짙은 커피색이나 검은색 계열의 색채를 나타낼 수 있다. 찻빛도 로스팅에 따라 색상이 짙어지는데, 본래의 색에서 점차 연갈색, 짙은 갈색, 호박색으로 변한다.

로스팅(홍배) 정도에 따른 건조 차와 찻빛의 외관 변화

| 건조 차 |

본래 색상 또는 녹색 계열 → 베이지색 및 갈색 → 짙은 커피색 → 흑색

| 찻물 |

모차 본래의 색 → 연한 갈색 → 진한 갈색 → 호박색

후각적 감각

차를 마시는 데는 후각이 정말 중요하다. 차를 마시기 전에 후각은 첫 번째로 중요한 평가의 기준이기 때문이다. 후각을 통해 차와 우린 찻물에 잡내와 잡미가 나지 않는지, 향기는 순수한지, 그리고 차의 가공에서 진행한 산화도와 로스팅(홍배)의 정도도 알 수 있다. 차를 매우 많이, 그리고 잘 마시는 사람들은 후각을 통해 차의 종류도 가려낼 수 있다. 예를 들면, 금훤, 우롱, 아삼, 홍옥 등이다. 그러한 사람들은 차를 마시기 직전에 먼저 찻물과 우린 찻잎의 향을 자세히 맡아 본다. 그리고 차를 마신 뒤에 찻잔의 바닥에 남아 있는 향과 찻물이 식은 뒤에 향을 맡아 보는 것이다.

미각적 평가

좋은 차는 당연히 직접 마셔 보아야 하고, 그러한 자신도 진심으로 좋아해야 한다. 사람은 미뢰와 입안 상피의 촉각을 통해 찻물의 자미(전체적인 맛)와 구감(입안의 촉감)을 표현할 수 있다. 좋은 차는 특징이 맛이 '청(淸)'하고, '정(正)'해야 한다. 여기서 '청(淸)'의 뜻은 가공 및 보관하는 과정에서 잡내가 생기지 않은 것을 의미한다. 그리고 '정(正)'은 특정한 유형(예를 들어 산화도와 로스팅 정도)에 속하는 차라면 당연히 그러한 차류에 속하는 기본적인 향미의 특성을 갖춰야 한다는 뜻이다.

마지막으로 산으로 가서 차를 구입하여 간단히 마실 수 있는 하나의 방법도 소개한다. 백자 찻잔과 수저만 들고 차산에 오른 뒤 차를 골라서 구입한다. 찻잔에 약 3~5g 정도의 차를 넣고 끓는 물을 부은 뒤 기다린다. 그 뒤 찻잎의 모양을 관찰하여 품종, 산화도, 찻잎의 성숙도 등을 분석한다. 수저로 찻물을 고루 섞은 뒤 코에 가까이 대면서 향을 맡아 본다. 또한 향미를 세밀하게 음미해 본다.

235

차(茶)는 건조 식품

비단 건조 과정에서뿐만 아니라 찻잎 자체도 풍미가 일품이기 때문에 보다 더 자세히 살펴볼 필요가 있다. 차는 건조시킬수록 보관하기도 쉽고 품질도 보장된다. 차는 모든 건조 농작물 중에서도 수분의 함유량이 가장 낮다.

차의 향미를 변하게 하는 요소

차를 보관할 때는 먼저 '차(茶)는 건조 식품'이라는 기본적인 개념부터 머릿속에 확립하고 있어야 한다. 그리고 건조 식품에서 주의해야 할 보관 조건은 모두 차와 동일하다. 그러나 차는 맛도 훌륭한 식품이지만 냄새를 쉽게 흡수하는 성질이 있기 때문에 일반적인 건조 식품보다는 보다 더 엄격한 저장 조건이 요구된다.

그렇다면 건조 식품에 속하는 차는 과연 얼마나 건조시켜야 하는가? 수분을 함유한 신선한 찻잎은 차나무에서 딴 직후에 일련의 가공 과정을 거쳐야 비로소 향긋한 향미를 형성한다. 그러한 가공 과정에서는 찻잎에 든 수분이 점차 증발하여 감소한다. 그리고 마지막 과정인 '건조' 작업이 끝나야 비로소 '모차(毛茶)' 또는 '차건(茶乾)'(건조차)이라는 1차 제품이 완성된다. 일반적으로 모차의 가공 과정이 끝나면 무게는 본래의 신선한 찻잎의 약 25%대로 줄어든다. 바꿔 말하면, 신선한 찻잎의 약 75%가 물이라는 뜻이다.

대만의 품질이 우수한 차를 기준으로 보면, 모차의 가공 과정이 끝나면 수분 함량이 약 4~5%대로 줄어든다. 그리고 라이트 로스팅이든지, 헤비 로스팅이든지 간에 정제 로스팅 과정을 거치면 차의 수분 함량은 약 2%대로 줄어든다. 이와 같이 수분 함량이 매우 낮으면 차의 향미를 보다 더 쉽게 보존할 수 있고, 차의 저장 안정성도 크게 향상된다. 이는 모든 건조 농작물 중에서도 수분의 함량이 가장 낮은 것이다. 독자의 참고를 위해 몇 가지 예를 들자면, 건조 백미의 수분 함량은 약 14~16%이고, 상점에서 판매되는 건조 표고버섯의 수분 함량은 약 13%이다. 저장 기간에 차의 품질을 떨어뜨리는 주요 요인에는 다음과 같은 것들이 있다.

수분

찻잎의 수분 함유량이 7%보다 높을 경우에는 향미의 품질을 떨어뜨리는 화학 작용들이 가속화되어 차의 품질도 빠르게 하락할 수 있다. 수분이 12%를 초과할 경우에는 찻잎에 곰팡이가 슬기 시작한다. 식품위생적인 관점에 따르면, 건조 식품에 곰팡이가 슬면 더 이상 먹거나 마시지 말아야 한다. 차를 음미해 본 사람은 알 수 있듯이, 차의 수분 함유량이 최대한 낮을 때 찻물의 특성이 비교적 뚜렷하고 활기가 넘친다. 보관을 잘못하여 수분 함유량이 비교적 높은 차를 우려내면 찻물의 특성이 약하고 공허하다는 느낌을 받게 될 것이다. 따라서 차의 수분 함유량은 향미의 품질과 깊은 관련이 있다. 소비자들은 차를 반드시 습기가 없는 곳에 보관하거나 습기의 유입을 차단하여 수분 함유량을 최소한으로 줄여야 한다

햇빛

차에 포함된 여러 조성 성분들, 예를 들면 엽록소, 카테킨, 방향성 성분인 카로티노이드 등은 햇빛에 매우 민감하다. 따라서 햇빛은 차의 품질을 위협하는 하나의 중대한 요소이다. 차를 오랫동안 보관하거나 장시간에 걸쳐 햇빛에 노출시키면 본래 청록색이었던 것이 점차 갈색으로 변하고 윤택도 사라지면서 차의 품질이 자연히 떨어진다. 따라서 햇빛에 노출시키지 않는 일은 차의 품질을 유지하는 중요한 작업이다.

산소

공기 중의 산소와 미생물은 보관 중인 차에 산화나 발효 작용을 일으켜 향미를 변질시킬 수 있다. 예를 들면, 카테킨과 향미 성분이 산화되면 우린 찻물의 향, 맛, 찻빛 등의 품질도 떨어진다. 향이 미묘하면서도 복합적인 우롱차의 경우에는 오랫동안 저장하는 과정에서 산화되면 신선한 꽃향과 초본향이 점차 가스나 기름 냄새로 변화한다.

잡내

차는 주위의 냄새를 매우 잘 흡수하는 특성이 있다. 이러한 특성은 '가향·가미차'를 생산하는 과정에서도 활용된다. 따라서 차를 저장할 경우에는 반드시 용기에 잡내가 없어야 한다. 또한 주위의 잡내가 흡수되지 않도록 차단시켜야 한다. 그렇지 않으면 차에 잡내가 흡수되어 찻물에서도 풍기면서 차를 마시는 즐거움도 줄어든다.

온도

저장 환경의 온도와 차의 품질 하락율 사이에는 깊은 상관관계가 있다. 온도가 높을수록 차의 품질도 빨리 변화한다. 비산화차인 녹차나 산화도가 약한 우롱차의 경우에는 품질 면에서 변화가 빨리 일어난다. 차의 외관에서 갈변화 현상이 일어나고 향과 맛의 신선도도 급속히 줄어든다. 이론상으로는 차의 보관 온도가 낮을수록 좋다. 예를 들면, 영하 20도의 환경에서 차를 보관하면 품질이 거의 변화하지 않고 오랫동안 보관할 수 있다. 녹차와 우롱차는 경제적인 여건이 허락한다면 전용 저장고에서 최적의 보관 조건인 0~5도로 냉장 보관하는 것이 좋다.

앞서 설명하였듯이 차는 건조 식품이다. 수분, 햇빛, 산소, 저장 온도, 잡내 등은 차의 특성을 변질시켜 향미에 변화를 일으키거나 품질을 하락시킨다. 여기에서는 소비자들이 차를 가장 맛있게 즐길 수 있도록 차를 잘 보관하는 두 가지의 방법을 소개한다.

1. 햇빛, 산소, 습기를 차단할 수 있을 정도로 기밀성이 높은 용기에 차를 넣고 냄새가 나지 않는 냉장고에서 저온으로 보관한다.

2. 매회 차를 구입할 때마다 소량으로 구입해 신선한 상태로 마신다. 그러면 저장에 대한 고민도 훨씬 더 줄어들 것이다.

3 Periods of Flavor
Changing of Tea.
Fresh, Awkward and
Aged Period.

'신미 (新味)', '진미 (陳味)', 그리고 '노미 (老味)'

품질이 좋고, 운치가 아름다우며, 진정한 묵은 운치를 갖춘 '진년노차(陳年老茶)' 또는 '노차(老茶)'는 그 가치가 매우 높다. 흔히 '호차(好茶)'라고도 하는 명차(名茶) 또는 묵은 향미를 지닌 노차(老茶)는 실제로 우려내 마셔 보아야 그 진가를 확실히 알 수 있다. 사람들이 흔히들 좋다고 하는 세평을 듣고서는 정확히 알 수 없는 것이다.

시기별로 변하는 맛의 이해

만약 우연히 좋은 차를 시장에서 접하게 된다면 가능하면 소량으로, 또는 적당량으로 구입하는 것이 좋다. 또 차를 구입하는 최선의 전략은 차의 신선한 상태를 감상하는 것이다. 그런데 일부 사람들이나 찻집에서는 오랫동안 보관하여 묵힌 '진년노차(陈年老茶)', 즉 '노차(老茶)'가 더 가치가 높다고 한다.

그러나 시중의 노차가 항상 비싼 것은 아니다. 그중 품질이 좋고 운치도 있고 진정한 멋이 나도록 묵힌 노차만이 높은 가치가 있는 것이다. 사실 명차(名茶)도, 노차(老茶)도 직접 우려내 각자 입으로 맛을 보아야 비로소 그 진가를 알 수 있는 것이지, 결코 남의 말을 듣고 알 수 있는 것은 아니다.

그런데 노차(老茶)는 로스팅의 향미가 강한 차에 속하는가? 물론 아니다. 시장에 로스팅 향이 약간 강한 노차도 있지만, 통상적으로는 그해에 생성된 '동정우롱차'나 '철관음차'를 구입한 뒤 로스팅하여 직접 맛보기를 권한다. 진년노차, 또는 노차는 그 이름에서도 알 수 있듯이 오랫동안 저장된 차로서 그 저장 기간이 딱히 특정되어 있지 않지만 적어도 묵은 맛의 운치가 좋은 것은 확실하다. 그리고 로스팅은 저장을 위한 것이 목적이지 결코 노차를 만들기 위해 진행하는 작업이 아니다. 본래 로스팅은 차를 저장하는 동안에 약간 증가한 수분의 함유량을 줄이는 하나의 방편이다. 따라서 차는 오랫동안 저장하면 자연히 산화 반응이 일어나기 마련이다.

갓 생산한 신차(新茶)가 오랫동안 저장되어 노차가 되는 과정에서는 세 단계의 맛 변화기가 있다. 찻잎을 따 갓 생산하여 신선한 향미를 지닌 시기가 있다. 바로 '신미기(新味期)'이다. 그 다음으로 장기간 보관하여 오래된 향미의 시기인 '노미기(老味期)'가 있다. 그런데 '신미기(新味期)'와 '노미기(老味期)' 사이에는 또 하나의 과도기도 있다. 신선한 향미가 변화하면서 숙성되는 '진미기(陳味期)'이다. 그렇다면 향미의 느낌 측면에서 볼 때 '신미기(新味期)'와 '진미기(陳味期)', 그리고 '노미기(老味期)'는 과연 어떻게 구분할 수 있는가? 사실, 이 세 단계의 맛 변화기는 서로 상대적인 것이다.

신미기(新味期)/Fresh Period

차의 신선한 향미를 즐기기에 가장 좋은 시기이다. 특정 산화도, 일정 지역의 특산차가 갖추어야 할 향과 맛, 그리고 바디감 등이 제대로 살아 있는 것이 신미기의 가장 큰 특징이다.

진미기(陳味期)/Awkward Period

딱히 특정하여 표현하기가 곤란한 시기의 맛 변화기이다. 일정 기간 저장된 차에서 본래의 신선함이 사라지고 대신에 묵은 차의 텁텁한 느낌이 든다. 차로 우려내 맛을 보면 혀에서 약한 신맛이 나는데, 신미기와 노미기 사이의 어중간한 시기이다. 신미기에서 진미기로 전이되는 초반부에 냄새를 맡아 보면 신선한 향미가 약화된 것을 곧바로 느낄 수 있다. 그리고 차에서는 가스 냄새와 비슷한 냄새가 풍기는 것도 감지할 수 있다. 이는 차의 맛이 변하기 시작하는 진미기의 특징적인 징조이다. 그 밖에 차의 성분들에도 많은 변화가 일어난다.

- **티 폴리페놀류** : 일정 기간 동안 산화되면 티 폴리페놀류의 함유량도 줄어들어 찻빛이 점차 갈색으로 변화하고 떫은맛도 점차 약해진다.
- **테인** : 테인은 일반적으로 비교적 안정적인 화학 성분으로 알려져 있다. 그러나 과학 실험에 따르면 저장 기간 동안에 그 함유량이 증가하였다가 다시 감소하는 것으로 나타났다. 이는 고령인 사람들도 노차를 마시고 밤에 잠을 평화롭게 잘 수 있는 이유이다.
- **테아닌** : 저장 기간 동안에 산화 및 분해되어 사라진다. 따라서 차는 저장 기간이 길면 본래의 신선도를 자연히 잃게 된다.
- **그 밖의 성분들** : 비타민 C, 엽록소, 향미성 성분들도 함유량이 산화 반응으로 점차 감소한다.

노미기(老味期)/Aged Period

진미기의 차에서 중후한 노차의 운치가 완성되려면 대체 몇 년 동안이나 저장해야 하는가? 이에 대해서는 사실 명확한 정의가 내려져 있지 않다. 그러나 차를 시음해 보면 색, 향, 맛의 품질 면에서 차이가 나는 두드러지는 범주가 있다. 이는 시간이 충분히 지나야 비로서 그 운치와 독특한 색깔을 띤다. 갑자기 인위적으로 서두른다고 해서 그 노미기가 빨리 오는 것도 아니다. 이는 마치 사람이 세월의 풍파를 겪으면서 점차 사람다워지는 것과 같기 때문이다.

색 ㅣ 찻잎은 균일한 고동색, 찻빛은 맑고 투명한 호박색.
향 ㅣ 말린 귤껍질인 진피(陳皮), 절인 매실인 진매(陳梅), 인삼, 단향목(檀香木) 등 절인 과일과 목재의 향.
맛 ㅣ 매실의 신맛이 매끄럽고 목 넘김이 부드러운 맛.

비록 노차의 전체적인 맛, 즉 자미는 사람들을 매료시키지만, 사실 그 노차도 마실 수 있는 기한이 있다. 그리고 노차를 마실 때 그 차가 다시 놀라운 맛과 향을 새롭게 낼 것이라 기대하거나 기다리지 말아야 한다. 왜냐하면 그 어떤 종류의 차라도 아주 오랫동안 저장하면 그 맛이 모두 비슷해지기 때문이다.

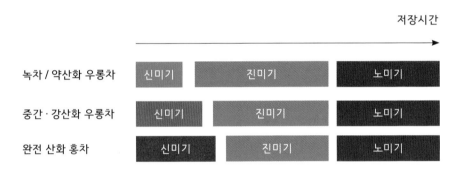

대만차(臺灣茶)의 이해

PART 5 │ 차의 운치

신선하게 또는
숙성시켜 마시는 법

차를 마시는 방식에는 크게 '신선하게 마시는 법'과 '숙성시켜 마시는 법'이
있다. 이에 따라서 차를 보관하는 차통을 구입할 때 '재질', '크기', '밀폐성'
등과 관련하여 요구 사항이 달라진다.

차의 맛이 변하지 않도록 보관하는 방법

차를 구입해 마시는 방식에는 크게 두 가지가 있다. 하나는 차를 구입하여 신선한 상태로 마시는 방식과 또 하나는 오랫동안 숙성시켜 마시는 방식이다. 이 두 방식 중 마시는 방식에 따라서 차 용기를 구입할 때 고려해야 할 기준이 달라진다. 바로 용기의 '재질', '크기', '밀폐성' 등이다.

247

재질

시장에서 흔히 볼 수 있는 차의 보관통인 차엽관(茶葉罐) 또는 차통의 재질은 보통 자기나 도기, 그리고 금속이다. 자기 차엽관은 재질이 일반적으로 하얀 고령토이며, 소결 온도가 비교적 높다. 반면 도기 차엽관은 자기에 비하여 흙을 많이 사용하여 소결 온도가 자기보다 더 낮다. 도기 차엽관은 미세한 구멍이 많기 때문에 유약을 칠하지 않으면 자기재보다 통기성이 훨씬 더 높다. 일반적으로 자기는 도기에 비하여 공기의 차단성이 훨씬 더 높다. 따라서 노차(老茶)로 숙성시켜 마시고 싶은 경우에는 통기성이 좋은 도기 차엽관에 보관하는 것이 좋다. 반면 항상 신선한 맛을 즐기고 싶을 경우에는 도기 대신에 기밀성이 좋은 자기 차엽관에 보관하는 것이 좋다. 그리고 금속 재질의 차엽관은 공기의 차단성이 높기 때문에 신선하게 먹을 차를 보관하는 것이 좋다.

차엽관의 크기

차를 신선하게 마시는 방식에서는 작은 차엽관을 구입하고, 숙성시켜 마시는 방식에서는 큰 차엽관을 구입해야 한다. 작은 차엽관 내에는 공기가 적게 들어 있기 때문에 차의 향미가 떨어질 가능성도 줄어든다. 차를 숙성시켜 마시는 방식에서는 일반적으로 많은 양으로 저장하기 때문에 큰 차엽관을 구입해야 한다. 신선하게 마시는 방식에서 차엽관의 크기는 보통 100~350mL인 것으로 추천한다. 반면 숙성시켜 마시는 방식에서는 큰 캔은 권장하지 않는다. 다만 차의 구입 예산과 저장 공간에 따라 구입하면 된다.

밀폐성

신선하게 마시는 방식에서는 차엽관의 밀폐성이 높아야 하고, 숙성시켜 마시는 방식에서는 밀폐성이 비교적 낮거나 적당하면 된다.

여기서는 신선하게 마시는 방식과 숙성시켜 마시는 방식에서 저장 방식과 차엽관의 관계를 다음과 같이 정리해 소개한다.

차엽관 / 목적	신선하게 마시는 방식	숙성시켜 마시는 방식
재질	자기, 금속	도기, 용기
크기	작다. 약 100~350mL	크다. 제한 없다
밀폐성	강조	상관없다

그 밖에도 차의 포장재는 내면이 보통 알루미늄박이나 코팅 재질로 에워싸여 있다. 이 두 형태의 포장재는 공기와 햇빛을 차단하여 신선도를 유지하는 효율이 우수하다. 그중 알루미늄박으로 코팅된 것이 더욱더 훌륭하다. 만약 차를 신선하게 마시고 싶다면 알루미늄박으로 내면이 처리된 포장재의 봉지를 선택하기를 권장한다. 또한 매번 차를 우리기 위해 개봉한 뒤에도 공기를 뺀 뒤 봉지를 닫으면 차가 산화되는 속도도 늦출 수 있는 장점이 있기 때문이다.

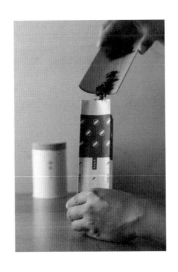

대만차(臺灣茶)의 이해

– 대만 우롱차·홍차·녹차 –

원제 : The Knowlege within The Flavor of Tea.

2021년 3월 20일 초판 1쇄 발행
2024년 9월 30일 초판 2쇄 발행

지 은 이	왕명상(王明祥)
그 림	유증한(廖增翰)
감 수	정승호(鄭勝虎)
펴 낸 곳	한국 티소믈리에 연구원
출판신고	2012년 8월 8일 제2012-000270호
주 소	서울시 성동구 아차산로 17 서울숲 L타워 804호
전 화	02)3446-7676
팩 스	02)3446-7686
이 메 일	info@teasommelier.kr
웹사이트	www.teasommelier.kr

펴 낸 이	정승호
출판팀장	구성엽
디 자 인	이종훈

ISBN 979-11-85926-61-2 (13590)

값 25,000원

글로벌 시대에 맞는 티 전문가의 양성을 책임지는

한국티소믈리에연구원

한국티소믈리에연구원은 국내 최초의 티(tea) 전문가 교육 및 연구 기관이다. 티(tea)에 대한 전반적인 이론 교육과 함께 티 테이스팅을 통하여 다양한 맛을 배워 가는 과정으로 창의적인 티소믈리에와 티블렌딩, 티베리에이션 전문가를 양성하는 데 주력하고 있다.

티소믈리에는 고객의 기호를 파악하고 티를 추천하여 주거나 고객이 요청한 티에 대한 특성과 배경을 바로 알아 고객에게 추천하는 역할을 한다. 티블렌딩 전문가는 티의 맛과 향의 특성을 바로 알아 새로운 블렌딩티(Blending tea)를 만들 수 있는 전문가적 지식과 경험이 필요하다. 티베리에이션 전문가는 티 음료로 새로운 맛과 향을 탄생시키는 기술이다.

티소믈리에, 티블렌딩, 티베리에이션 전문가 교육 과정은 1급, 2급 자격증 과정과 골드 과정을 운영하고 있다. 사단법인 한국티(TEA)협회와 한국티소믈리에연구원이 공동으로 주관하고, 한국직업능력개발원이 공증하는 1급, 2급 자격증은 단계별 프로그램을 이수한 후 자격시험 응시가 가능하다. 골드(강사 양성) 과정은 티소믈리에, 티블렌딩 1급 수료자를 대상으로 한 티 전문가 교육 과정이다. 골드(강사 양성) 과정은 각 교육 과정의 깊이 있는 연구를 통해 티 전문가로서 갖춰야 할 전문 교육 프로그램을 이수하여 강사로 활동하거나 지식과 경험을 통합하여 티(TEA)비즈니스에 대해 이해할 수 있는 프로그램으로 티 산업의 다양한 영역에서 활동할 수 있도록 한다.

현재 한국티소믈리에연구원은 본원에서 교육 및 연구를 진행하고 R&D센터에서 교육 및 응용, 개발을 실시하고 있으며, 지금까지 수많은 티 전문가들을 배출해 왔다.

사단법인 한국티(TEA)협회 인증

티소믈리에 & 티블렌딩 & 티베리에이션 전문가
교육 과정 소개

사단법인 한국티협회와 한국티소믈리에연구원이 공동으로 주관.

- 티소믈리에 1급, 2급 자격증 과정
  - 티소믈리에 2급
  - 티소믈리에 1급

- 티소믈리에 골드(강사 양성) 과정
  - 강사 양성 과정, 티 비즈니스의 이해 과정

- 티블렌딩 전문가 1급, 2급 자격증 과정
  - 티블렌딩 전문가 2급
  - 티블렌딩 전문가 1급

- 티블렌딩 골드(강사 양성) 과정
  - 강사 양성 과정, 티블렌딩 응용 개발 과정

- 티베리에이션 전문가 1급, 2급 자격증 과정
  - 티베리에이션 전문가 2급
  - 티베리에이션 전문가 1급

티 베리에이션
Tea Variation

유튜브 티 전문 크리에이터,
'홍차 언니'의 112종 실전 레시피!

6대 분류의 티, 티잰, 콤부차, 목테일, 스피릿츠,
토핑 등을 사용해 홍차 언니가 112종의 티베리에이션
음료를 직접 창조해 선보인다!

티블렌딩 테크닉
Tea Blending Technique

유튜브 티 전문 크리에이터
'홍차 언니'의 티블렌딩 실전 기술!

세계 25개국 클래식 블렌드 58종, 32개 브랜드의
블렌딩 티 94종, 홍차 언니의 블렌딩 티 레시피 35종,
총 187종의 블렌딩 레시피를 엄선해 소개한다.

티 세계의 입문을 위한
국내 최초의 '티 개론서'

티의 역사·테루아·
재배종·티테이스팅 등

전 세계 티의 기원, 산지,
생산, 향미, 테이스팅을
과학적으로 체계화한 개론서이다!

티소믈리에가 만드는
티칵테일

티·허브·스피릿츠, 그 절묘한 믹솔로지!

역사상 가장 오래된 두 음료, 티와 칵테일을
셰이킹해 티칵테일을 만드는 실전 가이드!
다양한 향미의 티와 허브, 생과일,
칵테일의 환상적인 셰이킹을 소개한다.

세계 티의 이해
Introduction to tea of world

세상의 모든 티, 티의 역사와 문화,
티를 즐기는 세계인, 티 여행 명소,
다양한 티 레시피,
그리고 그 밖의 모든 티들을 소개한다.

티 아틀라스
WORLD ATLAS OF TEA

티 세계의 로드맵!
'커피 아틀라스'에 이은
〈월드 아틀라스〉 시리즈 제2권!

전 세계 5대륙, 30개국에 달하는 티 생산국들의 테루아,
역사, 문화 그리고 세계적인 티 브랜드들을 소개한다.

'중국차 바이블에 이은'
기초부터 배우는 중국차

사단법인 한국티협회 '중국차 과정' 지정 교재

중국차 구입에서부터 중국 7대 차종과 대용차,
차구의 선택과 관리, 차의 역사, 차인·차사·차속, 차와
건강 등에 관한 315가지의 내용을 소개한 중국차 전문 해설서!

기초부터 배우는
101가지의 힐링 허브티

사단법인 한국티협회 '티블렌딩 과정' 지정 부교재

현대인들의 몸과 마음의 건강을 위한
힐링 허브티 블렌딩의 목적별, 상황별 101가지
레시피를 소개한다.

THE BIG BOOK OF KOMBUCHA
콤부차

북미, 유럽을 강타한 콤부차인 DIY 안내서!

이 책은 왜 콤부차인가에서부터 콤부차의 발효법,
다양한 가향·가미법, 콤부차의 요리법, 콤부차의 역사를
상세히 소개한다.

HERBS & SPICES
THE COOK'S REFERENCE

세계 허브 & 스파이스 대사전!

이 책은 총 283종의 허브 및 스파이스의
화려한 사진과 함께 향미, 사용법, 재배 방법 등을
완벽히 소개한 결정판!

티소믈리에 1급, 2급 자격 과정 교재

티소믈리에 이해 1 _ 입문

티소믈리에 2급 자격 과정 교재

티의 정의에서부터 티 테이스팅의 이해,
티의 역사, 식물학, 티의 다양한 분류,
허브티, 블렌디드 허브티 등의
교육을 위한 개론서.

티소믈리에 이해 2 _ 심화_산지별 I

티소믈리에 2급 자격 과정 교재

홍차의 이해에서부터 인도 홍차,
스리랑카 홍차, 다국적 홍차, 중국 홍차,
중국 흑차(보이차) 등의
교육을 위한 심화 교재.

티소믈리에 이해 3 _ 심화_산지별 II

티소믈리에 1급 자격 과정 교재

녹차의 이해에서부터 중국 녹차,
일본 녹차, 우리나라 녹차, 중국 청차(우롱차),
타이완 청차(우롱차), 백차, 황차 등의
교육을 위한 심화 교재.

티소믈리에 이해 4 _ 심화_올팩토리

티소믈리에 1급 자격 과정 교재

커핑(테이스팅)의 방법에서부터
식품 관능 검사, 맛의 생리학,
감각의 표현 기술, 올팩토리 등의
교육을 위한 심화 교재.

티블렌딩 전문가 1급, 2급 자격 과정 교재

티블렌딩 전문가 이해 1 _ 입문_블렌딩

티블렌더 2급 자격 과정 교재

티블렌딩의 정의에서부터 홍차 블렌딩의
기본 기술, 다국적 블렌딩 홍차,
가향·가미된 홍차, 허브티 블렌딩 등의
교육을 위한 개론서.

티블렌딩 전문가 이해 2 _ 심화_블렌딩

티블렌더 1급 자격 과정 교재

백차, 녹차의 블렌딩 기술에서부터
가향·가미된 녹차, 가향·가미된 홍차,
청차(우롱차), 흑차(보이차), 허브티 블렌딩,
한방차 블렌딩 등의 교육을 위한 심화 교재.

유튜브 크리에이터 **'홍차언니'**가

'티(Tea)'에 대해 알기 쉽고 명쾌하게 풀어주는

티 전문 유튜브 채널!

대한민국 No1. 티 전문 채널!

YouTube 한국티소믈리에연구원 TV

youtube.com/c/한국티소믈리에연구원tv